油田企业模块化、实战型技能培训系列教材

电能计量装置检修岗
技能操作标准化培训教程

丛书主编　陈东升
本书主编　耿宪福

中国石化出版社

图书在版编目(CIP)数据

电能计量装置检修岗技能操作标准化培训教程/陈东升,耿宪福主编.—北京:中国石化出版社,2023.9
油田企业模块化、实战型技能培训系列教材
ISBN 978-7-5114-7189-5

Ⅰ.①电… Ⅱ.①陈… ②耿… Ⅲ.①电能计量-设备检修-技术培训-教材 Ⅳ.①TM933.4

中国国家版本馆CIP数据核字(2023)第142804号

中国石化出版社出版发行
地址:北京市东城区安定门外大街58号
邮编:100011 电话:(010)57512500
发行部电话:(010)57512575
http://www.sinopec-press.com
E-mail:press@sinopec.com
北京科信印刷有限公司印刷
全国各地新华书店经销
*
787毫米×1092毫米16开本12印张291千字
2023年9月第1版 2023年9月第1次印刷
定价:78.00元

《电能计量装置检修岗技能操作标准化培训教程》编委会

主　　任　耿宪福

委　　员　刘　伟　罗　京　韩少宏

编写组

主　　编　耿宪福

副 主 编　刘　伟　罗　京　孙　刚　王教波

编写人员　韩少宏　李　浩　段慧敏　张振瑜　张海军

　　　　　张晓静　王军利　丁瑞娟　彭瑞敏　卢　璐

审核组

主　　审　杨彩梅　韩少宏　马　鹏

审核人员　赵东生　司开利　赵魏军

序　言

为贯彻落实中原石油勘探局有限公司、中原油田分公司（以下简称中原油田）人才强企战略，通过开展专项技能培训和考核，全面提升技能操作人员工作水平，促进一线生产提质增效，由中原油田人力资源部牵头，按照相关岗位学习地图，分工种编写了系列教材——《油田企业模块化、实战型技能培训系列教材》，本书是其中一本。

本书具有鲜明的实战化特点，所有内容模块都围绕生产实际业务或操作项目设置，既能成为提升实际工作能力的培训教材，也可以作为指导岗位操作的工具书。其内容具备系统性，既包括施工前准备、执行操作流程、操作要点与质量标准，也包括安全注意事项及事故应急处理等内容，体现了“以操作技能为核心”的特点。所有编写人员均来自基层单位，有基层技能操作专家，也有技术骨干等，真正体现出“写我所干，干我所写”的理念。

本书可供相关工种员工的日常学习，以及基层单位组织集中培训、岗位练兵等使用，每本教材后都附有本工种学习地图，使本工种各技能等级员工都能找到自己的努力方向和学习内容，为广大员工开展个性化岗位学习、提高学习效率点亮一盏指路明灯。

同时，本书也向广大读者传达一种“学、做翻转”的人才培训思路：打破参加培训就是到课堂学习知识的传统思维方式，把“学习知识、了解流程、掌握标准”的活动放在工作岗位，通过对教材内容的学与练，提升职业技能水平；只有遇到岗位学习或工作中难以解决的问题时，才考虑参加集中培训，通过对具体问题解决过程的体验、学习与感悟，提升学习者解决实际问题的能力。

当然，本书的编写也是实战型培训教材开发的初步实践，尽管广大编者尽其所能投入编写，也难免存在不妥之处。期望广大读者、培训教师、技术专家及培训工作者多提宝贵意见，以促进教材质量不断提高。

《油田企业模块化、实战型技能培训系列教材》编写委员会

前　言

为加强培训资源建设，深入推进全员培训，中原油田梳理了近年的培训教材，调研了企业的培训需求，开发了中原油田模块化、实战型技能操作标准化培训丛书。培训丛书的编写，构建起中原油田实际操作的技能培训教材体系。这套教材围绕企业生产经营对岗位能力的要求、队伍建设和员工成长的需要，以提高全体员工履行岗位职责的实际工作能力为重点，把研究和解决生产经营、改革发展面临的新挑战、新情况、新问题作为重要目标，把全体员工在实践中创造的好经验、好做法作为重要内容，具有较强的实践性和针对性。

《电能计量装置检修岗技能操作标准化培训教程》是面向油田从事电能计量工作的人员所需岗位技能而编写的培训教材，涵盖装表接电工和电能表修校工现场的日常工作内容。教材以“实战型”为主，以岗位规范、作业规程及技术标准为依据，将施工现场涉及的人员、设备、材料、作业方法融入各项目内容之中，体现施工现场的工作准备、操作步骤、注意事项等实际操作内容。本书较充分地考虑了电能计量工作特点、设备及最新技术的发展现状，并重点考虑安全生产需要，旨在提高操作人员的安全风险意识和规范化操作意识。以解决生产业务实际问题为重点，努力与生产一线贴近，与现场实际贴近。让教材发挥出岗位工作指导书、工具书的作用，突出教材的实用性。

本书主要为技能操作标准化培训教程，共分九个单元：单元一介绍了电动工具及仪表使用，由张海军、段慧敏编写；单元二介绍了电气基础知识，由张海军、段慧敏、丁瑞娟编写；单元三介绍了电能计量装置配置与安装，由李浩、张晓静编写；单元四介绍了电能计量装置检查与验收，由李浩、张晓静编写；单元五介绍了电能计量装置现场检验与检测，由李浩、张晓静编写；单元六介绍了电能数据采集，由李浩、丁瑞娟编写。单元七介绍了电能计量常见故障分析及处理方法，由李浩、张晓静编写；单元八介绍了电能计量器具检定，由王军利、李浩编写；单元九介绍了计量标准管理，由王军利、李浩编写。

由于编者水平有限，书中难免存在疏漏和错误，恳请广大读者提出宝贵意见。

目　　录

单元一　电动工具及仪表使用

模块一　手持电动工具

手持电动工具因其较高的工作效率和便携、易操作的特性，在生产作业过程中使用越来越广泛。如经常使用的手电钻、电动扳手、电动螺丝刀、角磨机等。这些工具使工作效率大大提高。但在使用过程中，也必须了解电动工具的分类、基本结构和使用方法，以及不同类别设备的绝缘性能和安全注意事项。

项目一　电动螺丝刀的使用

1　项目简介

电动螺丝刀在电能计量工作中，常用于电能计量装置的安装、拆除、更换及检修工作中。电动螺丝刀的结构如图 1－1 所示。

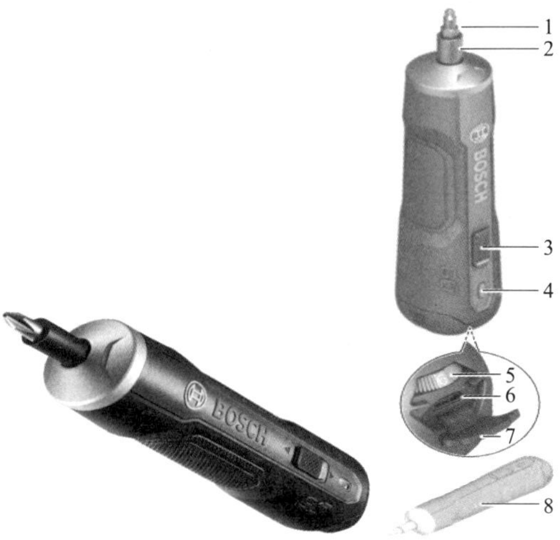

图 1－1　电动螺丝刀结构

1—螺丝批嘴；2—工具接头；3—正反转开关；4—锂电池的充电电量指示灯；5—扭力设定环；6—Micro USB 插孔；7—Micro USB 插孔盖；8—手柄（绝缘握柄）

2　操作前准备

2.1　穿戴合格、齐备的劳动防护用品，包括纯棉长袖工作服、绝缘鞋、安全帽。

2.2　准备操作用电动螺丝刀 1 个、配套螺丝批头 1 套。

2.3　检查手柄有无裂缝或破损。

2.4　检查工具转动部分是否转动灵活、轻快，无阻滞现象。

3　操作步骤

3.1　正反转切换(图 1－2)。

正转：将正反转开关往前推，此时刀头顺时针方向旋转即可拧紧螺钉。反转：将正反转开关往后推，此时刀头逆时针方向旋转即可松开螺钉。

3.2　锁定转轴(图 1－3)。

若要锁定转轴，可将正反转开关移至中间位置。即使锂电池没电了，也可以使用电动螺丝刀手动拧紧螺钉。

3.3　设定扭力。

扭力设定环一共提供 6 个不同的扭力选择，可利用它来预设所需扭力。达到所设扭力后，电动螺丝刀随即停止运转。挡位 1：扭力较小，用于旋入小直径的螺钉或将螺钉拧入软性材料。挡位6：扭力较大，用于旋入大直径的螺钉或将螺钉拧入硬性材料。

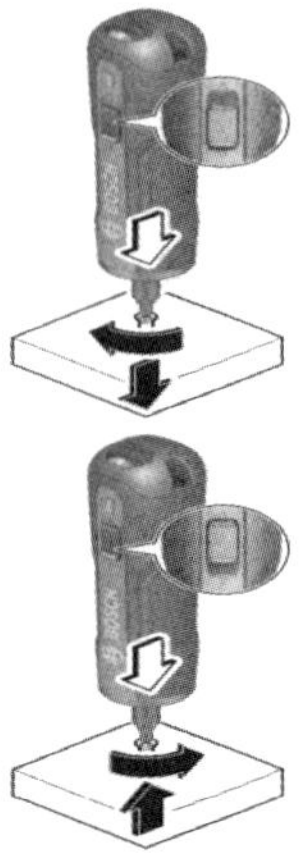

图1-2　正反转切换

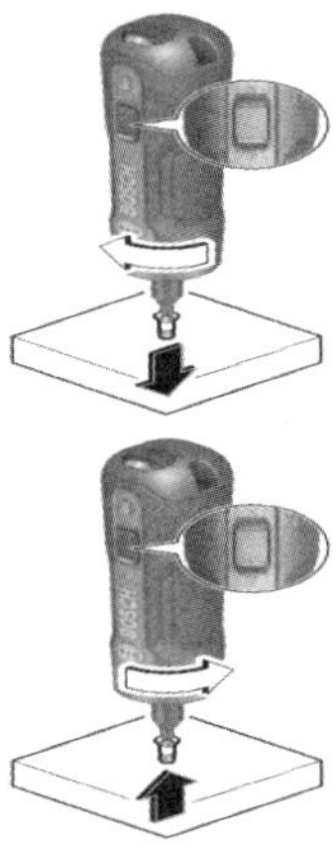

图1-3　锁定转轴

3.4　开动/关闭。

第一次使用时，先试着在转轴上施压，并让施力方向保持垂直。若要停止，只需不再对转轴施压即可。

3.5　充电。

电动螺丝刀上共有三颗绿色 LED 灯，作为充电电池的电量显示器，指示电池当前的电量和充电进度。正在进行充电时，该显示器的绿灯将不断闪烁。当显示器绿灯常亮时，表示充电电池已充满电。

4　操作要点

4.1　不得将电动螺丝刀暴露在雨中或潮湿环境中。

4.2　使用电动螺丝刀时禁止施力过猛，以免对螺丝刀齿轮箱造成损坏。

4.3　电动螺丝刀静止时，才能操作正反转开关，否则将可能导致人员受伤或设备损失。

5　安全注意事项

5.1　电动螺丝刀禁止在带电体上使用。

5.2　工作时设专人监护，注意与带电体保持安全距离。

5.3　使用电动螺丝刀时精力集中并保持清醒。

5.4　使用电动螺丝刀时不要佩戴饰品。工衣、手套和头发远离转动部件。

6　应急事件预防及处置

6.1　发生人身伤害事件，先用急救箱处理伤处，严重者送医院医治。

6.2　发生触电事件后，迅速使伤者脱离电源，就地采取触电急救措施，及早联系医务人员接替救治。

6.3　万一使用电动螺丝刀失手对齿轮箱造成损坏时，应迅速停止施压，关闭电动螺丝刀。

项目二　充电式电钻起子机的使用

1　项目简介

充电式电钻起子机在电能计量装置装、拆及检维修过程中使用较多，多用于钻孔工作。电钻起子机的结构如图 1 –4 所示。

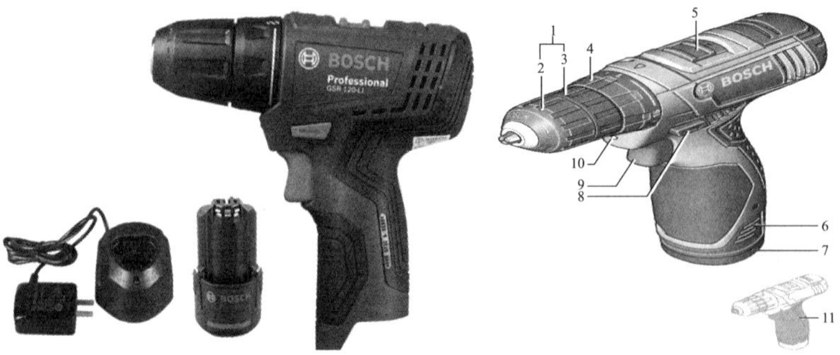

图 1 –4　充电式电钻起子机

1—快速夹头；2—前套筒；3—后套筒；4—扭力设定环；5—选挡开关；6—蓄电池的解锁按键；
7—蓄电池；8—正反转开关；9—启停开关；10—电源指示灯；11—手柄（绝缘握柄）

2　操作前准备

2.1　穿戴合格、齐备的劳动防护用品，主要包括纯棉长袖工作服、绝缘鞋、安全帽。

2.2　检查外壳、手柄是否有裂缝或破损。

2.3　检查工具转动部分是否转动灵活、轻快，无阻滞现象。

2.4　准备操作用充电式电钻起子机 1 个、配套螺丝批头 1 套、锂电池 2 块。

3　操作步骤

3.1　装、拆蓄电池(图 1 –5)。

装电池时把正反转开关调整到中央位置，以防止无意中开动机器。把充足了电的蓄电池装入手柄中，蓄电池必须正确地卡在手柄中，并与手柄的末端平齐。拆电池时先按下解锁按键，然后才能够从电钻起子机中向下拔出蓄电池。

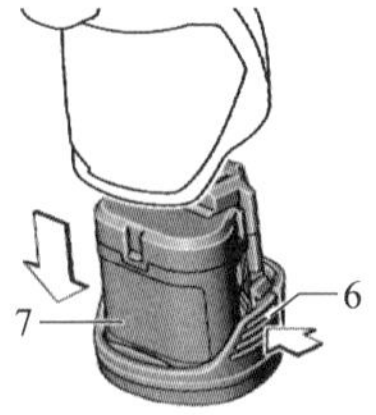

图 1 –5　装、拆蓄电池

3.2　更换批头(图 1 –6)。

握紧快速夹头的后套筒，朝着❶的方向顺时针拧转前套筒，必须拧转至能够装入批头为止。安装好批头，握住快速夹头的后套筒，并朝着❷的方向逆时针用力地拧转前套筒。在拆卸批头时，反向拧转前套筒，锁定便自动解除。

3.3　改变转向(图 1 –7)。

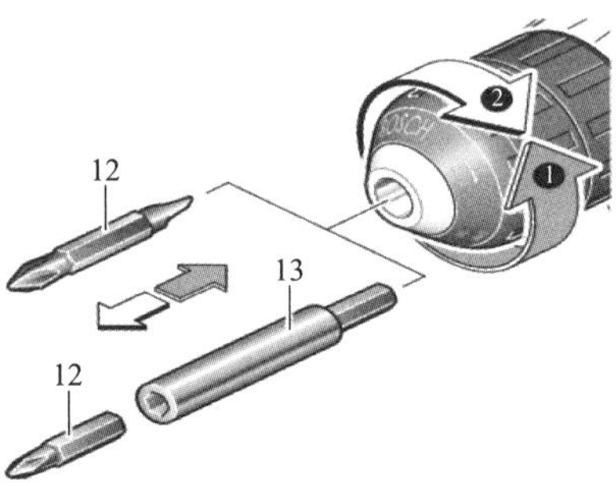

图 1 –6　更换批头

12—螺丝批嘴；13—通用批嘴连杆

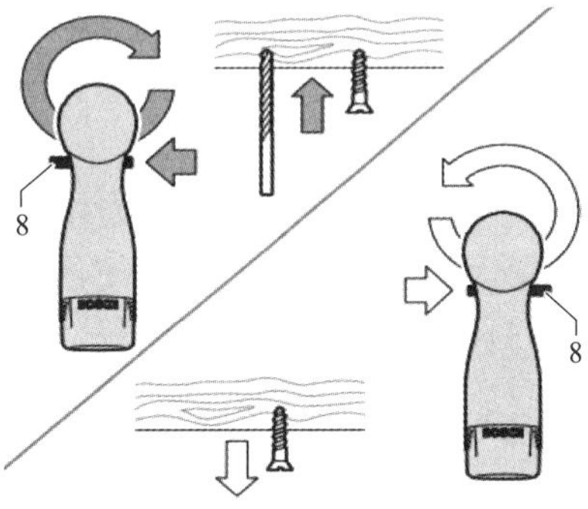

图 1 –7　改变转向

使用正反转开关可以改变起子机的转向。如果按住了启停开关，则无法改变转向。正转：适用于正常钻和拧紧螺钉，把正反转开关向左推到底。反转：适用于松开或拧出螺钉和螺帽，把正反转开关向右推到底。

3.4　设定扭力。

使用扭力设定环可以设定15级扭力。如果设定了合适的扭力，当螺钉头和物料表面齐平后，或者说当达到了设定好的扭力之后，电钻起子机便会停止转动。

3.5　机械式选挡。

必须等待起子机完全静止后才能使用选挡开关。使用选挡开关能够预设2个转速范围。第Ⅰ挡：低转速范围，适合拧转螺钉或者钻大孔时。第Ⅱ挡：高转速范围，适用于钻小孔时。如果无法把选挡开关推到尽头，必须握着钻头稍微转动夹头。

3.6　开动/关闭。

操作起子机时先按下启停开关，并持续按着。轻按或按到底时灯会亮起。在照明状况不佳的环境中可以借此照亮操作位置。放开启停开关便可以关闭电动工具。

3.7　调整转速。

把启停开关按得越紧，转速就越快。轻按启停开关机器以低速运转。逐渐在开关上加压，转速也会跟着提高。

4　操作要点

4.1　不得将电钻起子机暴露在雨中或潮湿环境中。

4.2　使用电动螺丝刀时禁止施力过猛，以免对螺丝刀齿轮箱造成损坏。

4.3　电动螺丝刀静止时，才能操作正反转开关，否则会导致人员受伤或设备损失。

5　安全注意事项

5.1　使用工具时精力集中并保持清醒。

5.2　工作时设专人监护，注意与带电设备保持安全距离。

5.3　充电式电钻起子机禁止在带电体上使用。

5.4　使用电钻起子机时不要佩戴饰品。工衣、手套和头发远离转动部件。

5.5　打孔前必须佩戴防护眼镜，并且要扎紧袖口。

5.6　当充电电池不用时，避免和回形针、硬币、钥匙、钉子、螺丝或其他小金属物体接触，以防止电池两极短路。

6　应急事件预防及处置

6.1　如果电钻起子机的钻头或批头被夹住了，必须马上关闭起子机。等待电钻起子机完全静止后才能够放下机器。

6.2　发生人身伤害事件时，先用急救箱处理伤处，严重者送医院医治。

6.3　发生触电事件后，迅速使伤者脱离电源，就地采取触电急救措施，及早联系医务人员接替救治。

模块二　便携式交直流移动电源

1　项目简介

便携式交直流移动电源是一种质量轻、容量高、功率大的多功能型“备用电站”，能提供方便的移动电源解决方案。可用于电能计量装置的装拆、现场校验、检维修、应急处置等工作场所。它的主要功能有纯正弦波交流输出、直流输出、USB 口输出等。

2　操作前准备

2.1　穿戴合格、齐备的劳动防护用品，主要包括纯棉长袖工作服、绝缘鞋、绝缘手套、安全帽。

2.2　将移动电源装置放置在安全可靠且稳固的平整位置。

2.3　准备便携式移动电源 1 台、移动电源插排 1 个。

3　操作步骤

3.1　打开交流输出开关，智能显示屏将自动开启，并显示剩余电量。

3.2　检查负载输入电压和频率。

3.3　再检查负载功率，并确保它不超过本电源的额定功率。

3.4　将负载插入本电源交流电源插座，打开负载开关。

3.5　使用完电源后，按下开关关闭电源交流输出。

3.6　如果电源的电量用完或电量不足，及时为电源充电。

4　操作要点

4.1　移动电源装置禁止超功率使用。

4.2　移动电源装置电源插座禁止带负荷插拔和频繁插拔。

5　安全注意事项

5.1　用电器的输入电压和频率必须是和移动电源一样。

5.2　确保用电器的额定功率小于移动电源 1000W 的额定功率。

5.3　禁止水或其他液体物质浸入移动电源。

5.4　禁止在热源、太阳直射，汽油、燃气等易燃易爆以及腐蚀性气体环境里使用移动电源。

6　应急事件预防及处置

6.1　便携式移动电源在使用过程中出现发热、异响等异常情况，应及时按下开关，禁止继续使用。

6.2　发生触电事件后，迅速使伤者脱离电源，就地采取触电急救措施，及早联系医务人员接替救治。

模块三　仪器仪表的使用

项目一　数字式万用表

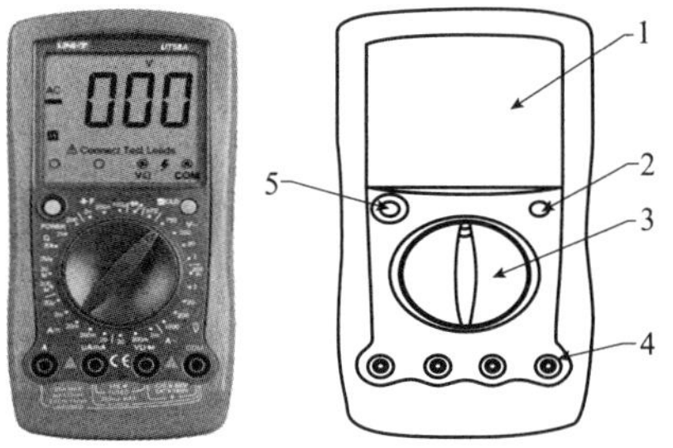

图 1－8　数字万用表

1—LCD 显示窗；2—数据保持按键开关 HOLD；3—功能量程选择旋钮；4—四个输入端口；5—电源按键开关 POWER

1　项目简介

数字万用表(图 1－8)是一种多用途电子测量仪器，在电能计量工作中常用于测量交直流电压、交直流电流、电阻、二次回路通断等。

2　操作前准备

2.1　穿戴合格、齐备的劳动防护用品，主要包括纯棉长袖工作服、绝缘鞋、绝缘手套、安全帽。

2.2　准备万用表 1 块、表笔 1 套，备用 9V 电池 1 块。

2.3　使用前要检查仪表和表笔，如果发现任何异常情况，如表笔裸露、机壳损坏、液晶显示器无显示等，请不要使用。表笔破损必须更换。

3　操作步骤

3.1　数字万用表交直流电压测量(图 1－9)。

3.1.1　将红表笔插入 V 插孔，黑表笔插入 COM 插孔。

3.1.2　将功能量程开关置于合适的 V ⎓或 V ~ 电压量程挡，并将表笔并联到待测电源或负载上。

3.1.3　从显示器上直接读取被测电压值。交流测量显示值为正弦波有效值(平均值响应)。

3.2　数字万用表交直流电流测量(图 1－10)。

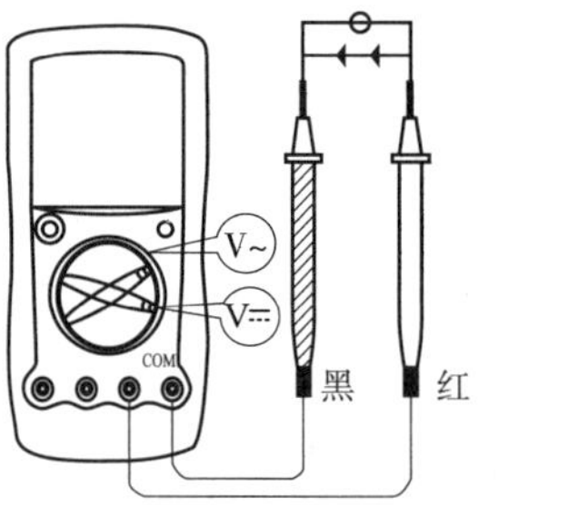

图 1－9　数字万用表测量交直流电压

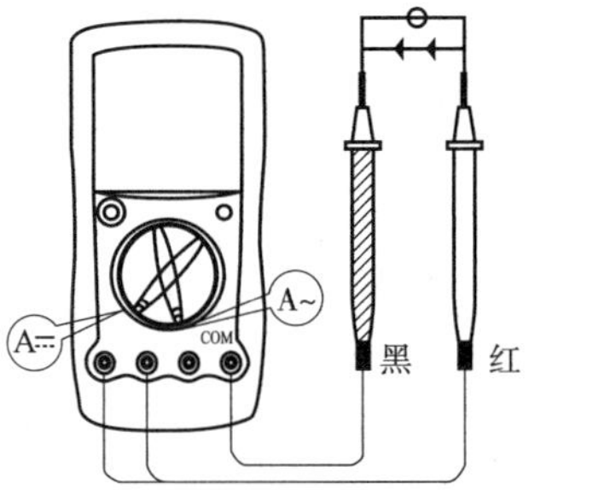

图 1－10　数字万用表测量交直流电流

3.2.1　将红表笔插入 μA、mA 或 A 插孔，黑表笔插入 COM 插孔。

3.2.2　将功能量程开关置于 A ⎓或 A ~ 电流测量挡，并将仪表表笔串联到待测回路中。

3.2.3　从显示器上直接读取被测电流值，交流测量显示值为正弦波有效值(平均值响应)。

3.3　数字万用表电阻测量(图 1－11)。

3.3.1　将红表笔插入 Ω 插孔，黑表笔插入 COM 插孔。

3.3.2　将功能开关置于 Ω 测量挡，并将表笔并联到被测电阻上。

3.3.3　从显示器上直接读取被测电阻值。

3.4　数字万用表电路通断测量(图 1－12)。

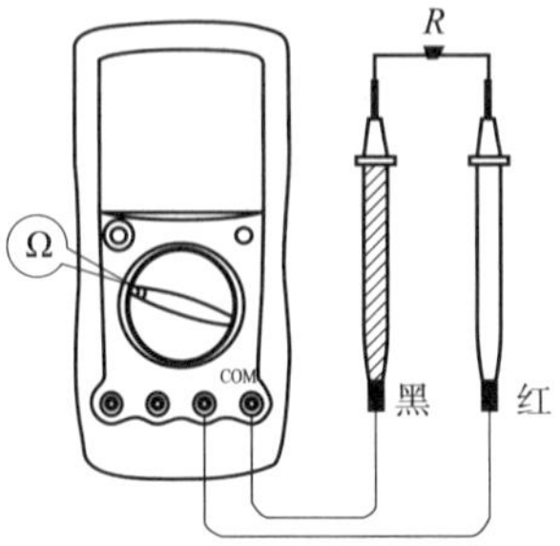

图 1－11　数字万用表测量电阻

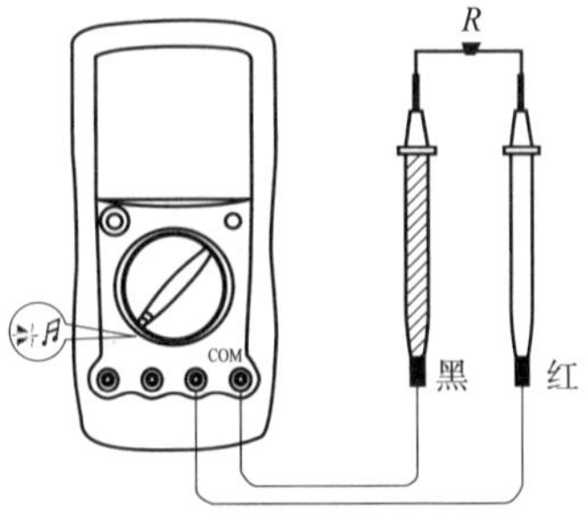

图 1－12　数字万用表测量电路通断

3.4.1　将红表笔插入“—▶|—”插孔，黑表笔插入 COM 插孔。

3.4.2　将功能开关置于“▶|♫”测量挡，并将表笔并联到被测电路两端。如果被测电路两端电阻 >70Ω，认为电路断路，被测电路两端电阻≤10Ω，认为电路良好导通，蜂鸣器连续声响。

3.4.3　从显示器上直接读取被测电路的近似电阻值，单位为 Ω。

4　操作要点

4.1　在不能确定被测量值的范围时，需将功能量程开关置于最大量程位置测量一次，再视情况逐渐把量程减小到合适位置。

4.2　测量时功能开关必须置于正确的量程挡位。满量程时，仪表仅在最高位显示数字“1”，其他位均消失，这时应选择更高的量程。在功能量程开关转换之前，必须断开表笔与被测电路的连接，严禁在测量进行中转换挡位，以防损坏仪表。

4.3　测量电流时应与被测电路串联，测量前，应先检查仪表的保险丝是否完好，在仪表连接到电路上之前，应先将电路的电源关闭，若接在电源两端，会有烧毁万用表的危险。

4.4　不要在高温、高湿、易燃、易爆和强电磁场环境中存放或使用仪表。

4.5　测量完毕应及时关断电源。长时间不用时，应取出万用表中的电池。

5　安全注意事项

5.1　工作时设专人监护，注意与带电体保持安全距离。

5.2　当仪表正在测量时，切记手指不要超过表笔护指位，以防触电。

5.3　进行在线电阻或电路通断测量之前，必须先将电路中所有的电源切断，并放尽所有电容器中的残余电荷。

6　应急事件预防及处置

发生触电事件后，迅速使伤者脱离电源，就地采取触电急救措施，及早联系医务人员接替救治。

项目二　钳形电流表

1　项目简介

钳形电流表(图 1－13)又称钳表，它是测量交流电流的专用电工仪表，一般用于不断开电路测量电流的场合，主要由电流互感器和电流表两部分构成。现在一般使用的都是多功能数字显示或指针显示的仪表，可用于测量交直流电压、交直流电流、电阻、二极管、电路通断等。

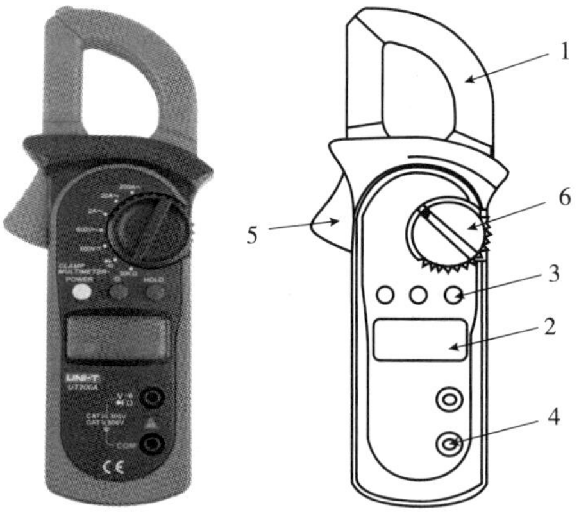

图 1－13　钳形电流表

1—钳头；2—LCD 显示窗；3—按键组；4—输入端口；5—钳头扳机；6—测量功能转盘

2　操作前准备

2.1　穿戴合格、齐备的劳动防护用品，主要包括纯棉长袖工作服、绝缘鞋、绝缘手套、安全帽。

2.2　准备钳形电流表 1 块、表笔 1 套、备用电池 1 块。

2.3　测量前检查钳口，若有污垢必须擦净。为使读数准确，应使钳口两个接合面很好接合。测量时若有杂音，可将钳口重新开合一次。

2.4　在操作人员站立的部位，铺设绝缘垫。

3　操作步骤

3.1　交流电流测量。

3.1.1　将转盘功能开关置于合适的挡位。

3.1.2　用钳头卡住单根被测导线，调整被测导线与钳头垂直并处于钳头的几何中心位置，检查钳头应闭合良好，如图 1－14 所示。

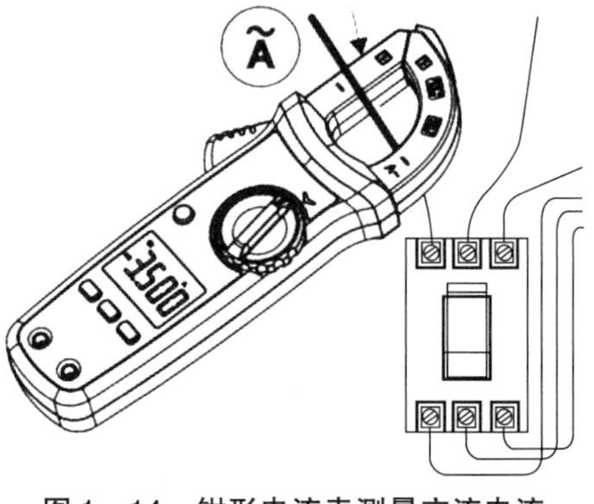

图 1－14　钳形电流表测量交流电流

3.1.3　读取被测交流电流值。

3.2　电阻、电压的测量。

对于多功能钳形电流表，电阻、电压的测量方法与万用表相同。

4　操作要点

4.1　选择合适的量程挡，不可以用小量程挡测量大电流。如果被测电流较小，可将载流导线多绕几个圈放入钳口进行测量，但是应将读数除以绕线圈数后才是实际的电流值。

4.2　测量完毕后要将调节开关放在最大量程挡位置(或关闭位置)，以便下次安全使用。

4.3　如不清楚被测值，可选择最高量程挡位，然后根据所测值，调整量程。

4.4　测量数值不便于读取时，可使用“HOLD”键锁住数值，离开被测导线读取。

5　安全注意事项

5.1　工作时设专人监护，注意保持头部与带电部分的安全距离。

5.2　注意电路上的电压要低于钳形表额定值，不可用钳形电流表去测量高压电路的电流和裸导线的电流，否则，容易造成短路事件或引起触电危险。

5.3　测量水平排列的低压母线电流时，做好保护隔离，防止引起相间短路。

5.4　不要在测量过程中切换量程挡，以免造成仪表损毁或人身伤害。

6　应急事件预防及处置

发生触电事件后，迅速使伤者脱离电源，就地采取触电急救措施，及早联系医务人员接替救治。

项目三　数字相位伏安表

1　项目简介

数字相位伏安表(图 1－15)适用于电能计量管理单位的电能计量、用电检查、电力稽查、装表接电或电力实训、技能比武等。可以在被测回路不开路的情况下，同时测量三相交流电压、电流、电压间相位、电流间相位、电压电流间相位、频率、接线组别、感性、容性电路，测试二次开路和各组 CT 之间的相位联系，检查电能表的接线正确与否等。

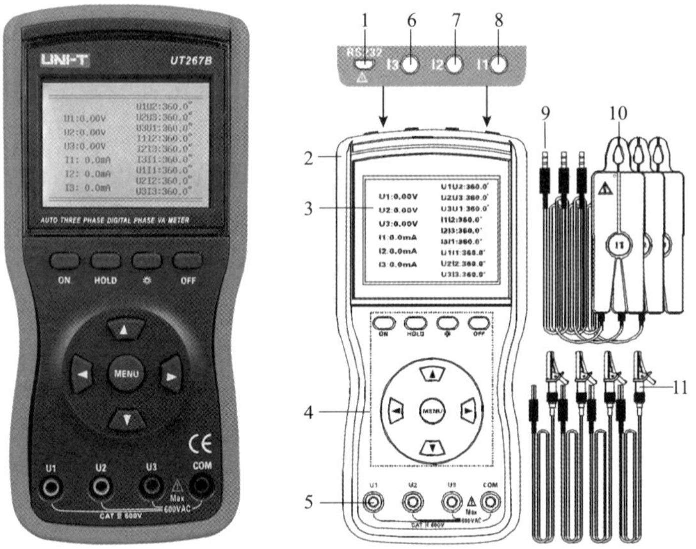

图 1－15　数字相位伏安表

1—USB－RS232 接口；2—绝缘防振护套；3—LCD 显示器；4—功能按键区；5—三相电压输入接口；6—电流钳输入接口 I3；7—电流钳输入接口 I2；8—电流钳输入接口 I1；9—电流钳输出插头；10—尖小型电流钳；11—电压输入测试线

2　操作前准备

2.1　穿戴合格、齐备的劳动防护用品，主要包括纯棉长袖工作服、绝缘鞋、绝缘手套、安全帽。

2.2　准备数字相位伏安表 1 块、备用电池 1 块。

2.3　使用前先检查仪表所有部件是否完好，没有损坏才能使用。

3　操作步骤

3.1　单相测试。

将被测电压线 L、N 对应接入仪表的 U_1 黄、COM 黑插孔，电流钳 I_1 钳住被测 L 线路，也可以连接 U_2 绿、COM 黑、I_2 或 U_3红、COM 黑、I_3测试。如图 1－16 所示。

3.2　三相四线测试。

将被测电压线 U_A 黄、U_B 绿、U_C 红、N 黑对应接入仪表的 U_1 黄、U_2 绿、U_3 红、COM 黑插孔，将电流钳 I_1、I_2、I_3 对应钳住被测线路 I_A、I_B、I_C。如图 1－17 所示。

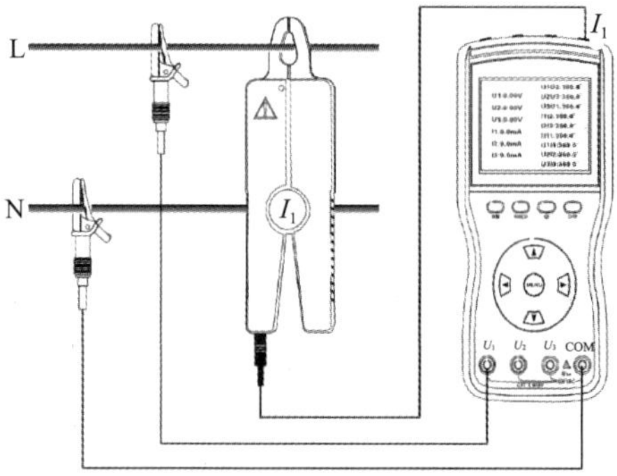

图 1－16　测试单相电压、电流、相位、频率、功率等

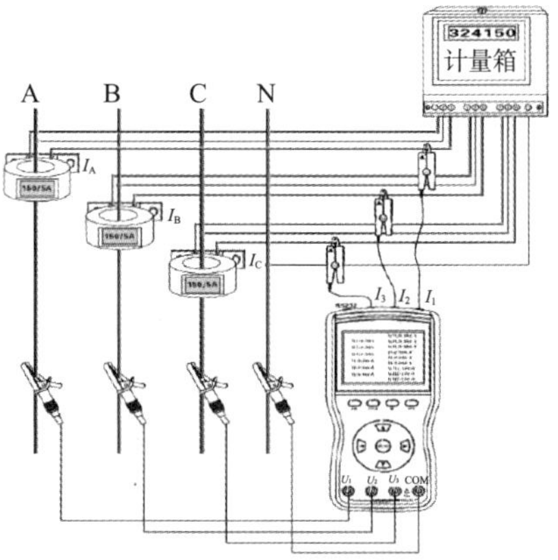

图 1－17　测试三相四线电压、电流、相位、相序、频率、功率、功率因数等

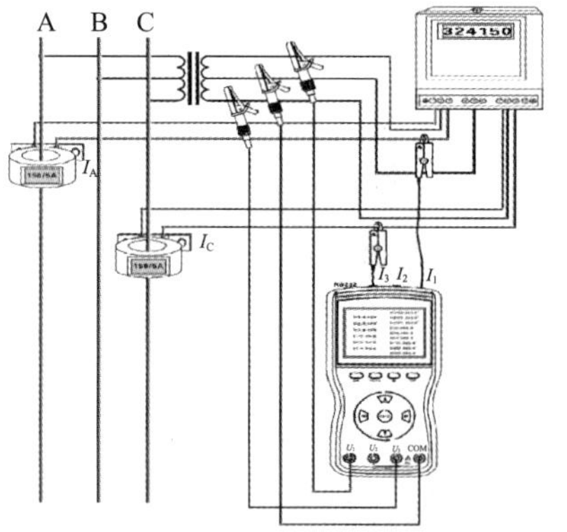

图 1－18　测试三相三线电压、电流、相位、相序、频率、功率、功率因数等

3.3　三相三线测试。

将被测电压线 U_A 黄、U_C 红、U_B 绿对应接入仪表的 U_1 黄、U_3 红、COM 插孔，电流钳 I_1、I_3 对应钳住被测线路 I_A、I_C。如图 1－18 所示。

测试时，可以根据各种相位关系判断感应容性负载、相序、极性，若 U_1I_1 相位显示在 0°～90°，则被测负载为感性，显示在 270°～360°，则被测负载为容性。若显示相位都接近 120°，则为正相序，且极性相同；若显示相位接近 120°和 300°，则为正相序，且极性相反（可能有电流钳夹反或线路接线反），其他情况为反相序（不考虑缺相）。

在相序测试显示模式下，U_1、U_2、U_3 或 I_1、I_2、I_3 为正相序时，光标从左往右顺次闪烁；反相序时，U_1、U_2、U_3 或 I_1、I_2、I_3 光标从右往左顺次闪烁。若 U_1、U_2、U_3 或 I_1、I_2、I_3 对应的光标不亮，可能缺相或信号幅值太低。

4　操作要点

4.1　操作时注意电流钳的进出方向。

4.2　不能用于测量超过 20A 的线路，可能损坏设备。

4.3　相位测试时电流输入钳夹的方向与钳夹上红色标记点一致。

4.4　测量数值不便于读取时，可使用“HOLD”键锁住数值，离开被测导线读取。

5　安全注意事项

5.1　数字相位伏安表供二次回路和低压回路检测，不能用于测量超过 600V 的电压线路，以防触电。

5.2　操作人员站立在绝缘垫上，工作时设专人监护，注意与带电体保持安全距离。

6　应急事件预防及处置

发生触电事件后，迅速使伤者脱离电源，就地采取触电急救措施，及早联系医务人员接替救治。

项目四　绝缘电阻测试仪

1　项目简介

数字式绝缘电阻测试仪(图1－19)又名兆欧表、高压绝缘电阻测试仪等，在电能计量工作中主要用于绝缘电阻的测试，可快速完成电缆、二次导线的绝缘诊断操作。还适用于现场测量各种绝缘材料的电阻值及电能表、电缆及电气设备等的绝缘电阻。

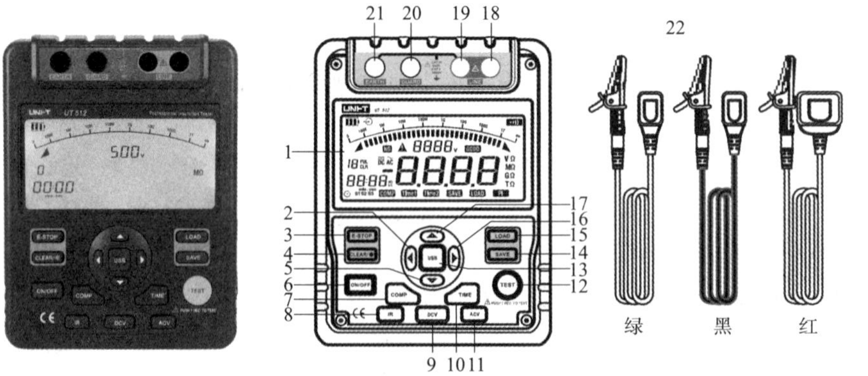

图1－19　数字式绝缘电阻测试仪

1—显示液晶屏；2，16—选择按钮；3—应急关机按钮；4—背光与数据清除按钮；5—▼选择按钮；6—电源开关按钮；7—比较功能按钮；8—绝缘电阻测量按钮；9—直流电压测量按钮；10—定时器按钮；11—交流电压测量按钮；12—测试使用按钮；13—USB传输按钮；14—数据存储按钮；15—读存储数据按钮；17—▲选择按钮；18—LINE：高压输出插入口(双头红线)；19—高压线屏蔽插入口(双头红线)；20—GUARD：接地保护插入口(单头黑线)；21—EARTH：高阻测量插入口(单头绿线)；22—专用测试夹(绿、黑)和专用双插头测试夹(红)

2　操作前准备

2.1　穿戴合格、齐备的劳动防护用品，主要包括纯棉长袖工作服、绝缘鞋、绝缘手套、安全帽。

2.2　准备绝缘电阻测试仪1台、备用电池1块。

2.3　使用前先检查仪表所有部件是否完好，没有损坏才能使用。

2.4　按ON/OFF开机，开机时预设测试电压为500V绝缘电阻连续测量挡。

3　操作步骤

绝缘电阻测量连接示意图如图1－20所示。

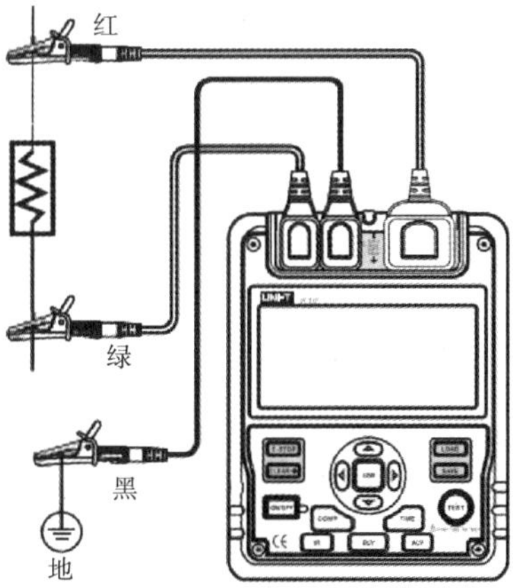

图1－20　绝缘电阻测量接线示意图

按IR键设置到绝缘电阻测量挡，无测试电压输出时，按▲和▼键选择测试电压500V/1000V/1500V/2500V中之一挡。将红测试线插入“LINE”输入端口，黑测试线插入“GUARD”输入端口，绿测试线插入

“EARTH”输入端口。将红、绿测试夹接入被测电路，负极电压是从 LINE 端输出的。选择以下绝缘电阻测量模式：

3.1 连续测量。

按 TIME 键选择连续测量模式，液晶屏上无定时器标志显示，此后按住 TEST 键 1s 能够进行连续测量，输出绝缘电阻测试电压，测试红灯发亮，液晶屏上高压提示符 0.5s 闪烁。测试完以后，压下 TEST 键，关闭绝缘电阻测试电压，测试红灯灭且无高压提示符，液晶屏上保持当前测量的绝缘电阻值。

3.2 定时器测量。

按 TIME 键选择定时器测量模式，液晶屏显示“TIME1”和定时器标志符号，用“◀”和“▶”键设置时间(00:10～15:00，1min 内以 5s 步进，以后以 30s 步进)，此后压下 TEST 键 2s 能够进行定时器测量，液晶屏上 TIME1 标志 0.5s 闪烁。当设定的时间到时自动结束测量，关闭绝缘电阻测试电压，并且液晶屏上显示绝缘电阻值。

3.3 极化指数测量(能设置到任何时间)。

按 TIME 键，液晶屏显示“TIME1”和定时器标志符号，用“◀”和“▶”键设置 TIME1 时间(00:10～15:00，1min 内以 5s 步进，以后以 30s 步进)，设置完 TIME1 以后，再按 TIME 键，显示屏显示“TIME2”“PI”和定时器标志符号，用“◀”和“▶”键设置 TIME2 时间(00:15～15:30，1min 内以 10s 步进，以后以 30s 步进)。此后压下 TEST 键 2s，当 TIME1 设定时间到之前，液晶屏上 TIME1 标志 0.5s 闪烁，当 TIME2 设定时间到之前，液晶屏上 TIME2 标志 0.5s 闪烁，设定时间 TIME2 测量结束后，显示屏显示 PI 值，用“◀”或“▶”键循环显示极化指数(表 1－1)、TIME2 绝缘电阻值和 TIME1 绝缘电阻值。

表 1－1 极化指数

极化指数	4 或更大	2～4	1.0～2.0	1.0 或更小些
标准	最好	好	警告	坏
极化指数＝3～10min/30s～1min				

3.4 比较功能测量。

按 COMP 键选择比较功能测量模式，液晶屏显示“COMP”标志符号和电阻比较值，用“◀”和“▶”键可设置电阻比较值(10MΩ、20MΩ、30MΩ、40MQ、50MΩ、60MΩ、70MΩ、80MΩ、90MΩ、100MΩ、200MΩ、300MΩ、400MΩ、500MΩ、600MΩ、700MΩ、800MΩ、900MΩ、1GΩ、2GΩ、3GΩ、4GΩ、5GΩ、6GΩ、7GΩ、8GΩ、9GΩ、10GΩ、20GΩ、30GΩ、40GΩ、50GΩ、60GΩ、70GΩ、80GΩ、90GΩ、100GΩ)，此后压下 TEST 键 2s，当绝缘电阻值比电阻比较值小，液晶屏显示“NG”标志符号，否则，在液晶屏显示“GOOD”标志符号。

4 操作要点

4.1 当液晶屏左侧电池标记显示剩一格时，说明电池电量几乎耗尽需要更换电池；在此状态下还能做 500V 和 1000V 输出电压测量，准确度也不会受到影响。

4.2 测量数值不便于读取时，可使用“HOLD”键锁住数值，离开被测导线读取。

5 安全注意事项

5.1 测试时，仪器有危险电压输出，一定要小心操作，确保被测物已夹稳，手已离开测试夹后，再按 TEST 键输出高压。

5.2　不要在高压输出状态短路两个测试表笔或高压输出之后再去测量绝缘电阻，防止产生火花引起火灾或损坏仪器。

5.3　测试前，确定待测电路没有电存在，请勿测量带电设备或带电线路的绝缘。

5.4　测量电阻前，待测电路必须完全放电，并且与电源电路完全隔离。

6　应急事件预防及处置

发生触电事件后，迅速使伤者脱离电源，就地采取触电急救措施，及早联系医务人员接替救治。

项目五　直流低电阻测试仪

1　项目简介

便携式直流低电阻测试仪(毫欧表/微欧表)在电能计量工作中主要用于测量直流低电阻。可测量断路器和开关的接触电阻；测量接线端子与导线连接电阻；测量继电器等电器元件的接触电阻、电线电缆的导线电阻以及互感器线圈的电阻等。

2　操作前准备

2.1　穿戴合格、齐备的劳动防护用品，主要包括纯棉长袖工作服、绝缘鞋、安全帽。

2.2　准备直流低电阻测试仪(图 1－21)1 台、充电线 1 套。

2.2　将被测设备进行停电、验电、放电、接地，使其完全脱离运行电源。

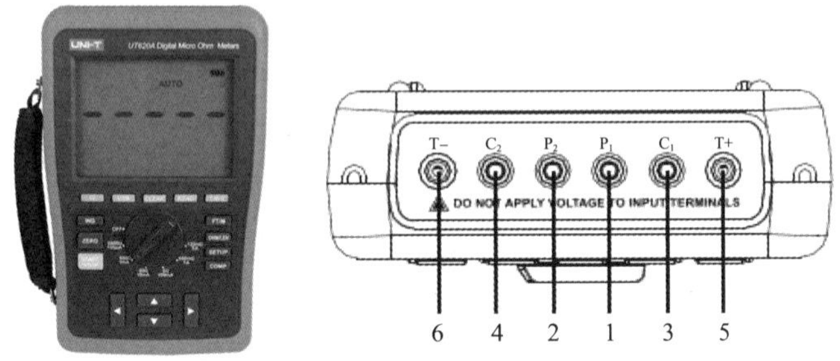

图 1－21　直流低电阻测试仪

1—P_1 鳄鱼夹连接或四线测试探针连接端子；2—P_2 鳄鱼夹连接或四线测试探针连接端子；
3—C_1 鳄鱼夹连接或四线测试探针连接端子；4—C_2 鳄鱼夹连接或四线测试探针连接端子；
5—T＋凯氏夹测试线连接端子；6—T－凯氏夹测试线连接端子

3　操作步骤

电阻值测量如下：

3.1　方法一：凯氏夹测试线连接仪表的 T＋、T－端子，另一端连接待测物两端，如图 1－22 所示。转动刀盘开关到适当的挡位，按 START/STOP 键开始测量。等到读数值稳定后，从 LCD 读取测量值。

3.2　方法二：用四线测试探针连接仪表的 P_1、P_2、C_1、C_2 端子，如图 1－23 所示。转动刀盘开关到适当的挡位，按 START/STOP 键开始测量。测试探针按压住待测物，等到读数值稳定，从 LCD 读取测量值，所得电阻是内侧最短距离的电阻值(不包含接触点电阻)。

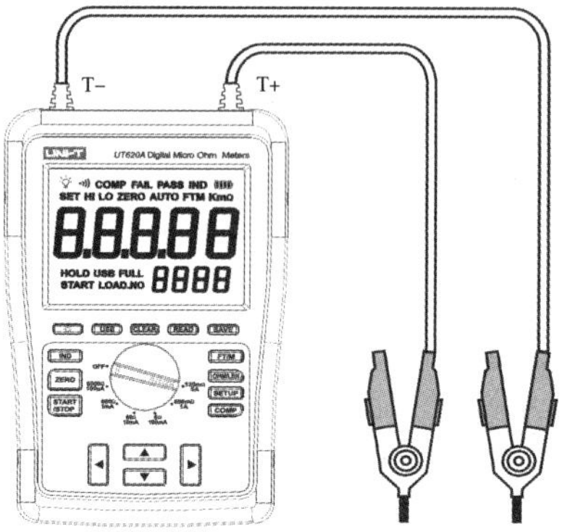

图 1－22　电阻值测量

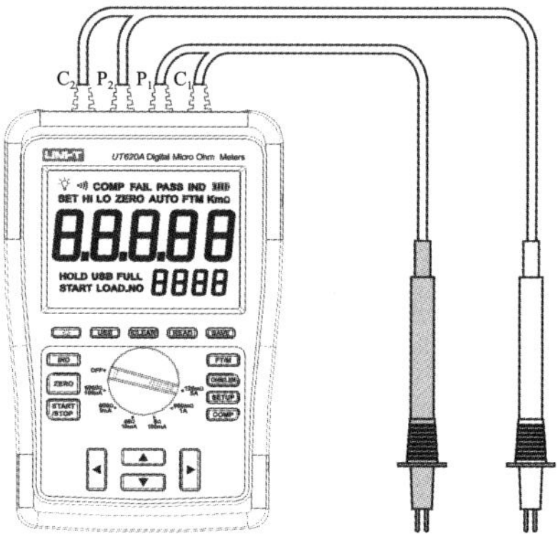

图 1－23　电阻值测量

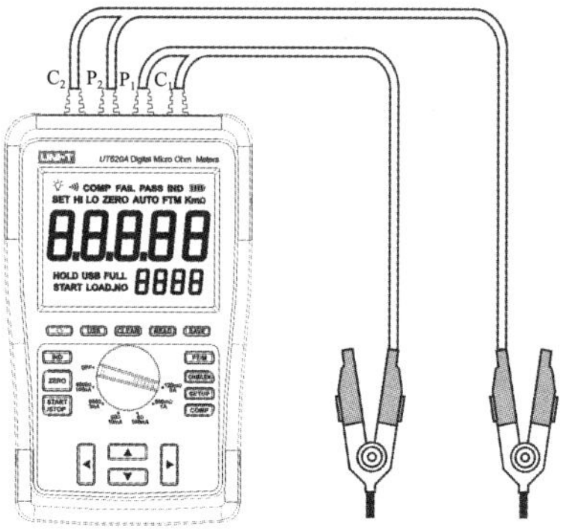

图 1－24　电阻值测量

3.3　方法三：用鳄鱼夹连接仪表的 P_1、P_2、C_1、C_2 端子，另一端连接待测物，P_1、P_2 应靠近内侧位置，如图 1－24 所示。转动刀盘开关到适当的挡位，按 START/STOP 键开始测量。等到读数值稳定，从 LCD 读取测量值，所得电阻值即 P_1、P_2 之间的电阻值（不包含接触点电阻）。

4　操作要点

测试时，鳄鱼夹与被测物要接触良好，防止氧化膜和锈蚀影响测量准确度。

5　安全注意事项

5.1　做好安全防护措施，工作时设专人监护。

5.2　严禁测试带电体。

5.3　使用环境：严格避免碰撞、重击、潮湿、强电、磁场、油污及灰尘。

6　应急事件预防及处置

发生触电事件后，迅速使伤者脱离电源，就地采取触电急救措施，及早联系医务人员接替救治。

项目六　三相电能表现场校验仪

1　项目简介

三相电能表现场校验仪是集电参量测量、电能表校验、接线判断于一体的高精度测试仪器。在电能表现场校验工作中可精确测量电压、电流、有功功率、无功功率、相位角、功率因数、频率等多种电参量；判断计量装置接线方式；校验三相三线、三相四线、单相的 1A、5A 的各种有功和无功电能表；对需量进行误差校验等。

2　操作前准备

2.1　穿戴合格、齐备的劳动防护用品，主要包括纯棉长袖工作服、绝缘鞋、绝缘手套、安全帽。

2.2　检查校验仪电压、电流试验导线通断是否良好，绝缘强度是否良好。

2.3　检查电流钳切口面是否干净、光洁，以保证钳形表闭合良好。

2.4　测试开始前输入正确的设置参数，否则可能会造成数据结果偏差或错误。

3　操作步骤

3.1　三相四线制电能表经钳形互感器接线校验。

3.1.1　连接电压测试导线。将电压线首端的插棒按颜色分别接到仪器面板相应的 U_a、U_b、U_c、U_n 电压端子上，电压线末端的黄、绿、红、黑鳄鱼夹分别接到被测表表尾的 U_a、U_b、U_c、U_n 三相电压线和零线上(图 1－25)。

3.1.2　连接电流钳。将各相的钳形互感器插到有相应标号的接口上，然后用钳形互感器卡住对应相的电流线即可(注意：极性一定要接正确，钳形电流互感器标有 A、B、C 的一面为电流流入端，N 的一面为流出端)。

3.1.3　参数设置。打开仪器开关，先按照被测表参数将“参数设置”屏中相应的参数设置正确，再进入相应的界面进行测试。

3.2　三相三线制电能表经钳形互感器接线校验。

3.2.1　连接电压测试导线。将电压线首端的黄、绿、红插棒分别接到仪器面板相应的 U_a、U_n、U_c 电压端子上(黄色插棒接到电压端子 U_a 上，绿色插棒接到电压端子 U_n 上，红色插棒接到电压端子 U_c 上，U_b 端子不接线)，电压线末端的黄、绿、红鳄鱼夹按颜色分别接到被测表表尾的 U_a、U_b、U_c 三相电压线上(图 1－26)。

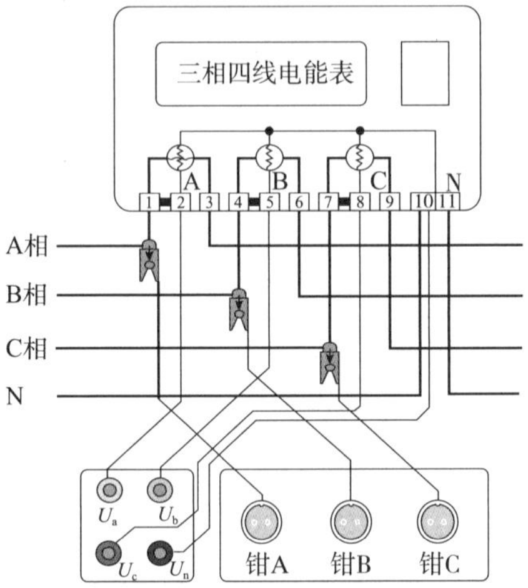

图 1－25　三相四线制电能表经钳形互感器接线

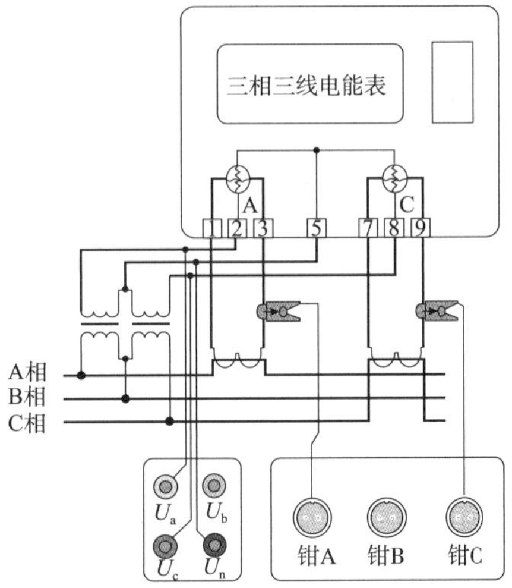

图 1－26　三相三线制电能表经钳形互感器接线

3.2.2　连接电流钳。将 A、C 两相的钳形互感器插到有相应标号的接口上，然后用钳形互感器卡住对应相的电流线即可。

3.2.3　参数设置。打开仪器开关，先按照被测表参数将“参数设置”屏中相应的参数设置正确，再进入相应的界面进行测试。

3.3　三相四线制电能表直接接入回路校验。

3.3.1　连接电压测试导线。将电压线首端的插棒按颜色分别接到仪器面板相应的 U_a、U_b、U_c、U_n 电压端子上，电压线末端的鳄鱼夹分别接到被测表表尾的 A、B、C、N 相电压线上。

3.3.2　连接电流测试导线。将电流线的首端插棒按颜色接到仪器面板相应的电流端子上，有标记的接电流正端，无标记的接电流负端，电流线末端的鳄鱼夹(或插片)接到端子排两侧（I + 接到远离表计侧，I – 接到靠近表计侧），然后将端子排的片打开。

3.3.3　参数设置。打开仪器开关，先按照被测表参数将“参数设置”屏中相应的参数设置正确，再进入相应的界面进行测试。如图 1 – 27 所示。

3.4　三相三线制电能表直接接入回路校验。

3.4.1　连接电压测试导线。将电压线首端的黄、绿、红插棒分别接到仪器面板相应的 U_a、U_n、U_c 电压端子上（黄色插棒接到电压端子 U_a 上，绿色插棒接到电压端子 U_n 上，红色插棒接到电压端子 U_c 上，U_b 端子不接线），电压线末端的黄、绿、红鳄鱼夹按颜色分别接到被测表表尾的 A、B、C 三相电压线上。

3.4.2　连接电流测试导线。将电流线的首端 A、C 两相插棒按颜色接到仪器面板相应的电流端子上（B 相线不用），有极性端标记的接电流正端，无标记的接电流负端，电流线末端的鳄鱼夹（或插片）接到端子排两侧（I^+ 接到远离表计侧，I^- 接到靠近表计侧），然后将端子排的连片打开。

3.4.3　参数设置。打开仪器开关，先按照被测表参数将“参数设置”屏中相应的参数设置正确，再进入相应的界面进行测试。如图 1 – 28 所示。

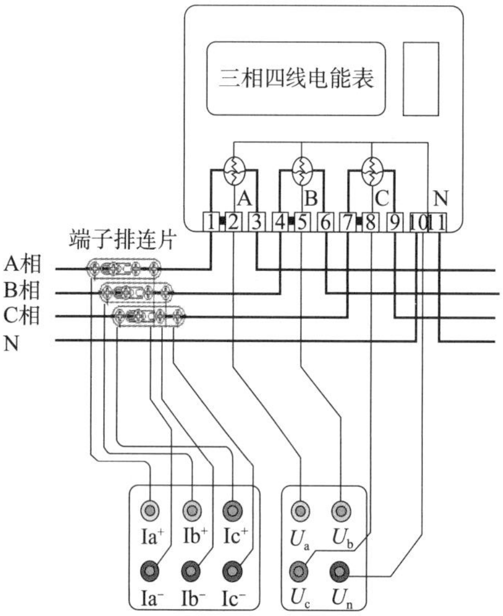

图 1 – 27　三相四线制电能表直接接入回路

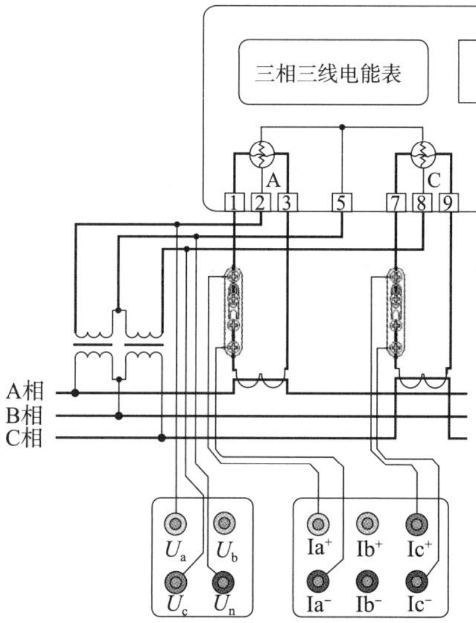

图 1 – 28　三相三线制电能表直接接入回路

4　操作要点

4.1　如果回路中有试验接线盒，在电能表直接接入回路校验时就将电流线串入试验接线盒。

4.2　不同型号的仪器，三相三线制的电压线接线方式可能不同，要按仪器说明书要求接线。

5　安全注意事项

5.1　遵守《电力安全工作规程》，严格执行现场安全措施。注意与带电体保持安全距离。

5.2　用电流钳卡一次铝排时，一定不要让电流钳切口铁芯碰到铝排，否则可能发生危险，损坏钳形表及仪表。

5.3　直接接入式校验时，应保证电流导线牢固可靠地接入试验接线盒端子后再打开电流连接片，防止电压二次回路短路或接地，防止电流二次回路开路。

5.4　电流钳一定要注意轻拿轻放，避免磕碰、摔坏，否则不仅影响测试精度也会带来安全隐患。

6　应急事件预防及处置

发生触电事件后，迅速使伤者脱离电源，就地采取触电急救措施，及早联系医务人员接替救治。

项目七　电流互感器现场检定装置

1　项目简介

电流互感器现场检定装置是在电能计量工作中主要用来检定1级至0.2S级，电流比为(5～25000)/5A和(5～5000)/1A的现场电流互感器。其主界面如图1－29所示。它适用于现场电流互感器的二次绕组电阻测量、励磁特性试验、变比测量、手动退磁、相位和极性测量、误差、误差曲线测量等。

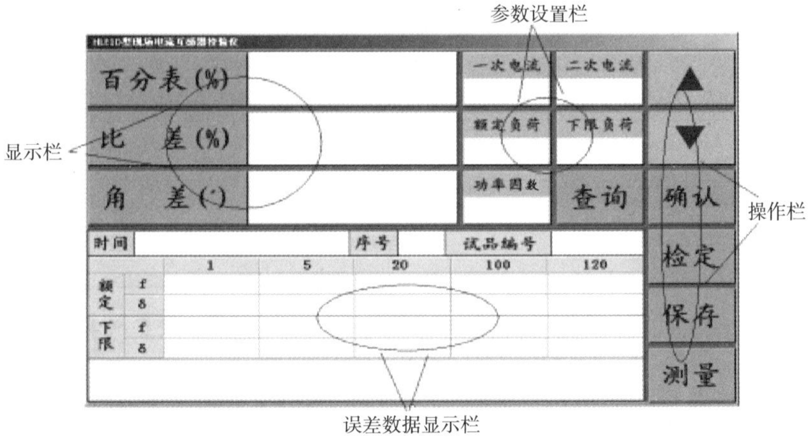

图1－29　仪器主界面

2　操作前准备

2.1　穿戴合格、齐备的劳动防护用品，主要包括纯棉长袖工作服、绝缘鞋、安全帽。

2.2　使用前，检查测试仪是否有明显的损坏，并严格按照说明书或仪器所示接线图接线。

3　操作步骤

3.1　电流互感器现场检定装置开机。接上电源，合上开关，检定装置预热。

3.2　电流互感器现场检定装置接线。

L_1L_2：一次电流端钮，L_1为极性端。K_1K_2：二次电流端钮，K_1为极性端。$K_{1c}K_{2c}$：二次电流供电端钮，K_{1c}为极性端。⏚：接地端钮。

检定线路如图1－30所示。CTx为被检电流互感器，其一次端钮L_1L_2，二次端钮K_1K_2可分别通过10m长的导线(外附专用导线)接装置相应的L_1L_2和K_1K_{1c}、K_2K_{2c}端钮(红黑色扭成麻花的导线，红色接L_1，黑色接L_2；红色双线分别接K_1K_{1c}，黑线双线分别接K_2K_{2c}，装置应在二次专用线下测试)。

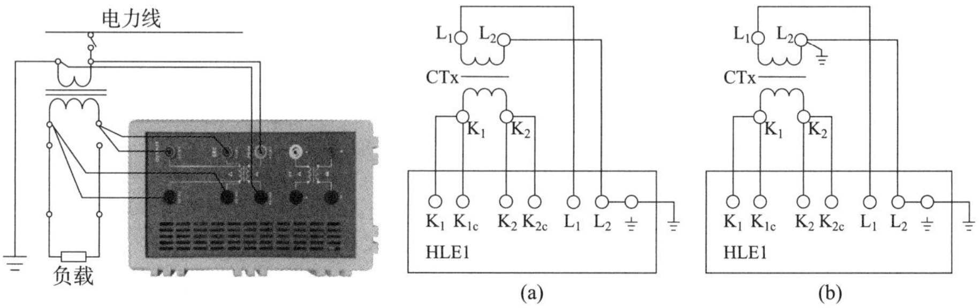

图1－30　电流互感器现场检定线路

3.3　参数设置。

进入界面时，参数值显示的是上次测量时设置的参数值，若与本次测试的参数值相同，无须改变，直接按测量数值即可。图1－29中，参数设置栏中包括：一次电流、二次电流、额定负荷、下限负荷和功率因数5项参数。各参数可选值，见表1－2。

表1－2　参数可选值

参数名称	可选值
一次电流/A	5、10、15、20、25、30、40、50、60、75、100、150、200、250、300、400、500、600、750、800、1000、1200、1250、1500、1600、2000、2400、2500、3000、4000、5000、6000、7500、8000、10000、12000、12500、15000、16000、20000、25000A
二次电流/A	1、5
额定负荷/VA	0、1、2.5、3.75、5、6.25、7.5、10、15、20、25、30、40、60、80
下限负荷/VA	1.0、2.5、3.75、S/4
功率因数	0.8、1

全部参数设置完成，进入测试环节。

3.4　等级定义。

不同等级电流互感器精度和误差等级见表1－3。

表1－3　电流互感器精度和误差等级

<table>
<tr><th rowspan="3">准确度级别</th><th colspan="5">比值误差(±)</th><th colspan="5">相位误差(±)</th></tr>
<tr><th rowspan="2">倍率因数</th><th colspan="4">额定电流下的百分数值</th><th rowspan="2">倍率因数</th><th colspan="4">额定电流下的百分数值</th></tr>
<tr><th>5</th><th>20</th><th>100</th><th>120</th><th>5</th><th>20</th><th>100</th><th>120</th></tr>
<tr><td>0.5</td><td rowspan="6">%</td><td>1.5</td><td>0.75</td><td>0.5</td><td>0.5</td><td rowspan="6">(′)</td><td>90</td><td>45</td><td>30</td><td>30</td></tr>
<tr><td>0.2</td><td>0.75</td><td>0.35</td><td>0.2</td><td>0.2</td><td>30</td><td>15</td><td>10</td><td>10</td></tr>
<tr><td>0.1</td><td>0.4</td><td>0.2</td><td>0.1</td><td>0.1</td><td>15</td><td>8</td><td>5</td><td>5</td></tr>
<tr><td>0.05</td><td>0.1</td><td>0.05</td><td>0.05</td><td>0.05</td><td>4</td><td>2</td><td>2</td><td>2</td></tr>
<tr><td>0.02</td><td>0.04</td><td>0.02</td><td>0.02</td><td>0.02</td><td>1.2</td><td>0.6</td><td>0.6</td><td>0.6</td></tr>
<tr><td>0.01</td><td>0.02</td><td>0.01</td><td>0.01</td><td>0.01</td><td>0.6</td><td>0.3</td><td>0.3</td><td>0.3</td></tr>
<tr><td>0.005</td><td rowspan="3">10^{-6}</td><td>100</td><td>50</td><td>50</td><td>50</td><td rowspan="3">10^{-6}rad</td><td>100</td><td>50</td><td>50</td><td>50</td></tr>
<tr><td>0.002</td><td>40</td><td>20</td><td>20</td><td>20</td><td>40</td><td>20</td><td>20</td><td>20</td></tr>
<tr><td>0.001</td><td>20</td><td>10</td><td>10</td><td>10</td><td>20</td><td>10</td><td>10</td><td>10</td></tr>
</table>

注1：额定二次电流5A，额定负荷7.5VA及以下的互感器，下限负荷由制造厂规定；制造厂未规定下限负荷的，下限负荷为2.5VA。

注2：额定负荷电阻小于0.2Ω的电流互感器下限负荷为0.1Ω。

注3：制造厂规定为固定负荷的电流互感器，在固定负荷的±10%范围内误差应满足本表要求。

4　操作要点

4.1　仪器的电源插座必须带有保护接地，供电电压不得超出输入电源范围。

4.2　使用中不要将异物掉入仪器内部，注意防水防潮，以免发生短路。

5　安全注意事项

5.1　如果不是在实验室环境下，试验之前，接地线插孔必须可靠接地。

5.2　使用前确保仪器的等电位地连接到保护地，否则有可能损坏本仪器。

5.3　禁止外部电压或电流接入仪器输出端，否则会损坏仪器。

5.4　测试时输出端禁止短路。输出接口及被测设备上可能会存在高压和大电流，不要触碰。测试过程中，切勿连接或断开测试对象。

6　应急事件预防及处置

6.1　如果试验过程中出现紧急情况，要迅速关闭主机电源，然后拔掉电源插头。

6.2　发生触电事件后，迅速使伤者脱离电源，就地采取触电急救措施，及早联系医务人员接替救治。

项目八　压降测试仪

1　项目简介

GSQY－C 二次压降测试仪是一种全自动测试电压互感器二次压降/负荷的智能化仪器。在电能计量工作中主要用于三相三线或三相四线制的电压互感器二次压降的测量；计算三相的比差、角差、综合误差；测量并显示电压、电流、相角、功率因数、有功功率、无功功率、视在功率等各种电参量以及各相参数的波形图以及电压、电流的谐波含量。

2　操作前准备

2.1　穿戴合格、齐备的劳动防护用品，主要包括纯棉长袖工作服、绝缘鞋、绝缘手套、安全帽。

2.2　测试前认真检查测试导线有无破损及绝缘损坏的情况。

3　操作步骤

3.1　将仪器上 PT 侧的测试线和 WH 侧的测试线均连接到被测计量装置的 PT 出线端子处。如图 1－31 和图 1－32 所示。

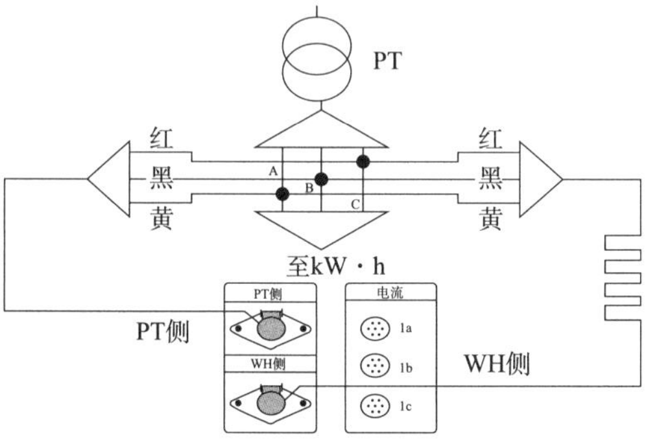

图 1－31　三线压降自校接线图

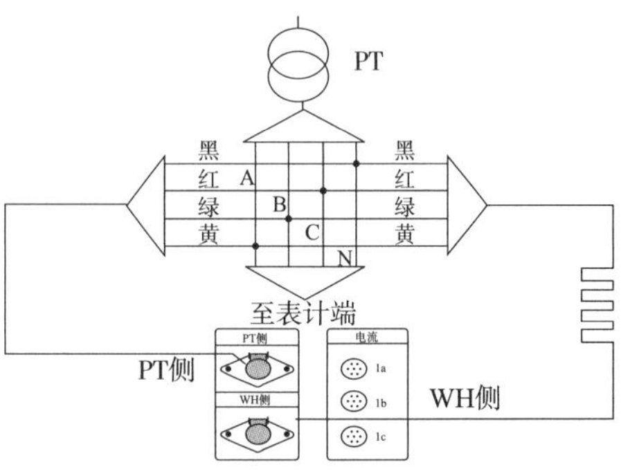

图 1－32　四线压降自校接线图

3.2　进入相应的自校界面(三线或四线)进行自校。

3.3　在不关机的情况下，将仪器 WH 侧的测试线用放线盘布线到被测计量装置表计的电压接线端子。如图 1－33 和图 1－34 所示。

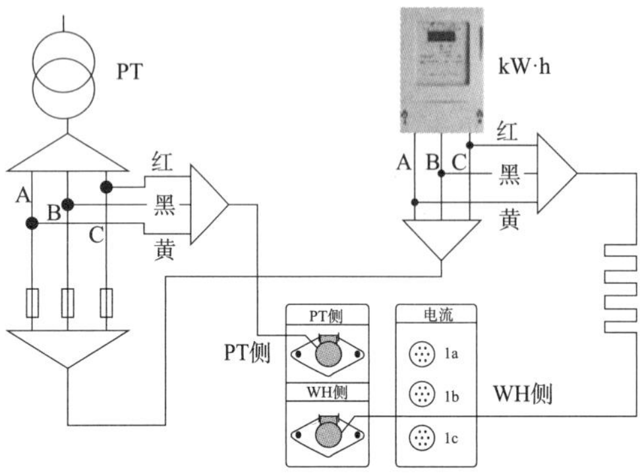

图 1－33 三线压降测量接线图

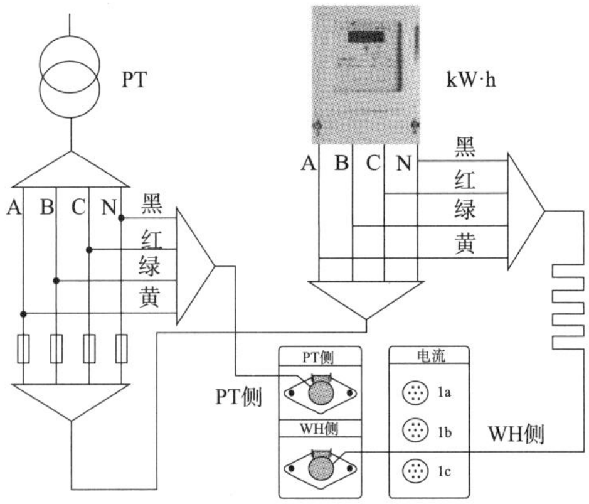

图 1－34 四线压降测量接线图

3.4 进入相应的测试界面（三线或四线）进行测试。

3.5 将测试结果打印出来，测试完成。

4 操作要点

4.1 面板布置。

如图 1－35 所示，最上方从左到右依次为 PT 侧测试用航空插座（含 U_a、U_b、U_c、U_n）、WH 侧测试用航空插座（含 U_a、U_b、U_c、U_n）、电流钳航空插座（I_a、I_b、I_c）、打印机、充电电源插座及充电指示灯、仪器工作开关、RS－232 通信接口、接地端子。注意在操作时一定要确保所接的端子正确，否则有可能会影响测试结果甚至损坏仪器。面板左下方为液晶显示屏，液晶右侧为键盘。

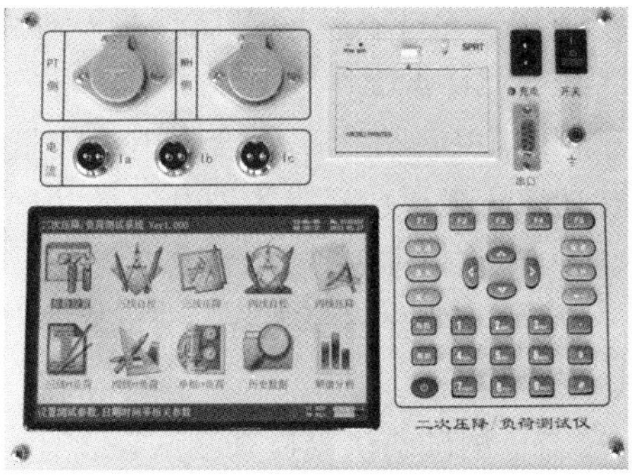

图 1－35 二次压降/负荷测试仪

4.2 键盘说明。

键盘共有 30 个键，分别为：存储、查询、设置、切换、↑、↓、←、→、↵、退出、自检、帮助、数字 1、数字 2（ABC）、数字 3（DEF）、数字 4（GHI）、数字 5（JKL）、数字 6（MNO）、数字 7（PQRS）、数字 8（TUV）、数字 9（WXYZ）、数字 0、小数点、#、开关键⏻、辅助功能键（F1、F2、F3、F4、F5）。

各键功能如下：

↑、↓、←、→键：光标移动键；在主菜单中用来移动光标，使其指向某个功能菜单；参数设置功能屏上下键用来切换当前选项。

↵键：即确认键，在主菜单下，按此键显示菜单子目录，在子目录下，按下此键即进入被选中的功能，另外，在输入某些参数时，开始输入和结束输入并使刚键入的数字有效。

退出键：返回键，按下此键均直接返回到主菜单。

存储键：用来将测试结果存储为记录的形式。

查询键：用来浏览已存储的记录内容。

切换键：在“参量测试”屏中，用来切换被测装置的接线方式（三相三线或三相四线）。

帮助键：用来显示帮助信息。

数字键：同时也是字符键，用来进行参数设置的输入(可输入数字或字符)。

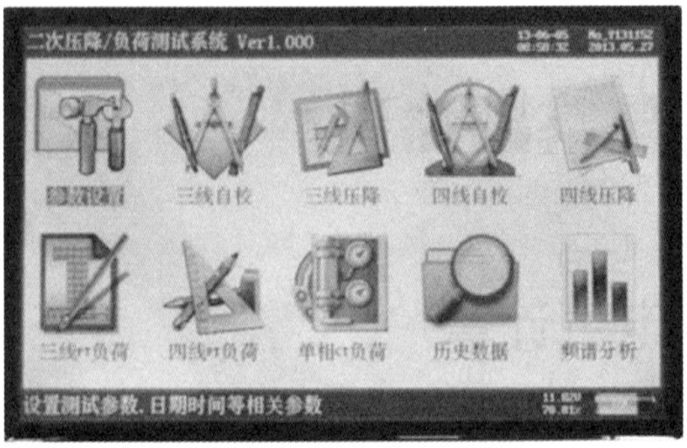

图 1－36　二次压降/负荷测试系统主菜单图

小数点：用来在设置参数时输入小数点。

F1、F2、F3、F4、F5：辅助功能键(快捷键)。用来快速进入辅助功能界面或实现相应的功能。

F1 键：开始测试功能键。

F4 键：作为打印功能用来进行数据打印。

4.3　主菜单屏。

开机进入主菜单，如图 1－36 所示。

主菜单共有 10 个可选项，分别为：参数设置、三线自校、三线压降、四线自校、四线压降、三线 PT 负荷、四线 PT 负荷、单相 CT 负荷、历史数据、频谱分析。当光标指向哪一个功能选项时，那个选项的文字就变为反白显示，屏幕下面的蓝条会出现此选项的相关功能说明。图 1－36 界面中选中项为“参数设置”功能，按上下键可改变光标指向的选项。此时，按键进入选中的功能显示屏。屏幕右上角显示系统时间，右下角显示电池电量。

4.4　参数设置。

参数设置屏共有 5 项参数可设：试品编号、当前温度、当前湿度、设置日期、设置时间。试品编号，被测装置的编号，在查阅历史记录的时候作为区别；选中需要设置的参数项，按←键进入设置状态，输入完毕后，按←键完成设置。如：当前时间为 2021 年 12 月 9 日 10 时 5 分 20 秒，则选择“设置日期”、按←键输入 20211209，按←键，再选择“设置时间”，按←键，输入 100520，按←键，确认完成时间设置。

5　安全注意事项

5.1　工作时设专人监护，注意与带电体保持安全距离。

5.2　在测量过程中一定不要接触测试线的金属部分，以避免被电击伤。

5.3　测量接线一定要严格按说明书操作。

5.4　测试之前一定要认真检查接线是否正确。

5.5　最好使用有地线的电源插座。

5.6　不能在电压和电流过量限的情况下工作。

6　应急事件预防及处置

发生触电事件后，迅速使伤者脱离电源，就地采取触电急救措施，及早联系医务人员接替救治。

单元二　电气基础知识

模块一　电气计算

项目一　常用电气计算

1　项目简介

介绍电能计量检修工作需要掌握的常用电气参数计算和工作实用的计算公式。

2　常用计算公式

2.1　电流强度。

$$I = \frac{Q}{t}$$

式中，I 为电流，A；Q 为电量，C；t 为时间，s。

2.2　电阻。

$$R = \frac{\rho L}{S}$$

式中，R 为电阻，Ω；ρ 为电阻率，Ω · m；L 为导线长度，m^2；S 为导线截面积，m^2。

2.3　欧姆定律。

$$I = \frac{U}{R};\ U = RI;\ R = \frac{U}{I}$$

式中，R 为电阻，Ω；U 为电压，V；I 为电流，A。

2.4　功率。

(1)纯直流电路。

$$P = UI = I^2 R = \frac{U^2}{R}$$

式中，P 为有功功率，W；U 为电压，V；I 为电流，A；R 为电阻，Ω。

(2)三相电阻类电功率。

在三相对称电路中：

$$P = 3U_{PH}I_{PH} = \sqrt{3}U_L I_L$$

式中，P 为有功功率，W；U_{PH}为相电压，V；I_{PH}为相电流，A；U_L 为线电压，V；I_L 为线电流，A。

(3)在单相交流电路中：

$$P = UI\cos\varphi$$

式中，P 为有功功率，W；U 为电压，V；I 为电流，A；$\cos\varphi$ 为功率因数。

(4)在三相对称交流电路中：

有功功率：$P=P_A+P_B+P_C=U_AI_A\cos\varphi_A+U_BI_B\cos\varphi_B+U_CI_C\cos\varphi_C$

$$=3U_{PH}I_{PH}\cos\varphi=\sqrt{3}U_LI_L\cos\varphi$$

无功功率：$Q=3U_{PH}I_{PH}\sin\varphi=\sqrt{3}U_LI_L\sin\varphi$

视在功率：$S=IU=\sqrt{P^2+Q^2}=3U_{PH}I_{PH}=\sqrt{3}U_LI_L$

式中，P 为有功功率，W；Q 为无功功率，var；S 为视在功率，kVA；U 为电压，V；I 为电流，A；$\cos\varphi$ 为功率因数。

2.5　电功(电能)。

$$A=PT=UIt$$

式中，A 为电能，J；P 为功率，W；t 为时间，s；U 为电压，V；I 为电流，A。

2.6　视在功率。

$$S=\sqrt{P^2+Q^2}$$

式中，P 为有功功率，W；S 为视在功率，kVA；Q 为无功功率，var。

2.7　功率因数。

$$\cos\varphi=\frac{P}{S}=\frac{P}{UI}$$

式中，$\cos\varphi$ 为功率因数；P 为有功功率，W；S 为视在功率，kVA；U 为电压，V；I 为电流，A。

2.8　电热。

$$Q=I^2Rt=UIt=Pt$$

式中，Q 为电热，J；U 为电压，V；I 为电流，A；R 为电阻，Ω；P 为功率，W；t 为时间，s。

3　实用计算公式

3.1　变压器高、低压侧额定电流计算。

$$I_N=\frac{S}{\sqrt{3}U_N}$$

式中，S 为变压器额定容量，kVA；U_N 为配电变压器高(或低)压侧额定电压，kV。

3.2　变压器高、低压侧的负荷电流计算。

$$I=\frac{P}{\sqrt{3}U\cos\varphi}$$

式中，P 为变压器实际负荷，kW；U 为配电变压器高(或低)压侧电压，kV；$\cos\varphi$ 为配电变压器高(或低)压侧功率因数。

3.3　更正系数及退补电量计算。

更正系数：$K=\frac{P-P_X}{P_X}$

式中，K 为更正系数(K 值为正应补电量，K 值为负应退电量)；P 为准确计量功率；P_X 为错误接线计量功率。

退补电量：$A_0 = KA$

式中，A_0 为退补电量，kW·h；A 为抄见电量，kW·h。

3.4　电能表脉冲时间计算。

$$T = \frac{3600 \times 1000N}{CP}$$

式中，T 为理论时间，s；N 为选定脉冲个数；P 为实际功率，W；C 为电能表常数，imp/kW·h。

项目二　常用导线的规格及安全载流量

1　项目简介

介绍常用导线的材质、规格及安全载流量，便于在工作中正确选择线缆。

2　常用导电材料

铜的导电性能好，在常温时有足够的机械强度，具有良好的延展性，便于加工，化学性能稳定，不易氧化和腐蚀，容易焊接，因此广泛用于制造变压器、电机和各种电器的线圈。纯铜俗称紫铜，含铜量高，根据材料的软硬程度可分为硬铜和软铜两种。铜材经过压延、拉制等工序加工后硬度增加，称作硬铜，通常用作机械强度要求较高的导电零部件。硬铜经过退火处理后硬度降低，即为软铜。软铜的电阻系数比硬铜小，适宜做电机、变压器和各类电器的线圈。在产品型号中，铜线的标志是“T”，“TV”表示硬铜，“TR”表示软铜。

3　电缆型号的含义

电线、电缆产品的型号均以汉语拼音和阿拉伯数字来表示，它们所代表的意义是：

类别、用途	导体	绝缘	内护层	特征	外护层	派生
用汉语拼音字母作为代号					一般用数字表示	

用途代号	字母不写：电力电缆	外护层代号	1：麻皮
	K：控制电缆		2：钢带铠装
	Y：移动电缆		20：裸钢带铠装
	N：农用电缆		3：细钢丝铠装
	P：信号电缆		30：裸细钢丝铠装
绝缘层代号	Z：纸绝缘		5：单层粗钢丝铠装
	X：橡皮绝缘		11：防腐保护层
	V：塑料(聚氯乙烯)绝缘		12：钢带
导体材料代号	L：铝芯		120：裸钢带铠装有防腐层
	T：铜芯	内护层代号	H：橡套
特性代号	P：贫油式		Q：铅包
	D：不滴流		L：铝包
	E：分相铅包		V：聚氯乙烯护套
	C：重型滤尘器用		

4　电线、电缆安全载流量

塑料绝缘电线长期连续负荷载流量见表 2－1。

表 2－1　塑料绝缘电线长期连续负荷载流量

标称截面/mm^2	空气中敷设		穿铁管						穿塑料管					
	铜	铝	2 根		3 根		4 根		2 根		3 根		4 根	
			铜	铝	铜	铝	铜	铝	铜	铝	铜	铝	铜	铝
0.75	16	—	—	—	—	—	—	—	—	—	—	—	—	—
1	20	—	16	—	15	—	13	—	15	—	14	—	12	—
1.5	25	19	21	16	20	15	19	12	21	16	18	14	17	13
2.5	34	26	30	21	27	21	25	18	28	22	25	19	23	16
4	45	35	40	30	35	27	33	25	37	29	33	25	30	23
6	56	43	52	40	45	36	42	34	50	36	43	34	39	30
10	85	66	73	53	63	48	56	41	68	51	59	45	53	40
16	113	87	91	73	79	61	74	55	85	65	76	58	68	53
25	146	112	120	91	108	78	95	73	110	83	99	73	88	68
35	180	139	151	111	130	101	116	86	138	103	120	94	109	83
50	225	173	186	141	160	128	145	111	170	130	150	115	135	104
70	287	220	228	176	205	156	182	140	210	160	190	147	170	130
95	350	254	275	213	245	192	220	170	260	195	230	177	208	157
120	400	310	315	240	285	225	255	200	300	230	270	200	238	180
150	450	338	355	300	325	255	285	235	341	260	310	235	275	208
185	505	400	410	320	370	285	330	255	391	295	350	265	310	240

模块二　电气识图

项目一　常用电气图用图形符号

电气图用图形符号是构成电气图的基本单元，是电气技术文件中的“象形文字”，是电气“工程语言”的“词汇”或“单词”。图形符号通常由一般符号、符号像素、限定符号等组成。常用电气图用图形符号见表2－2。

表2－2　常用电气图用图形符号

序号	图形符号	说　明
1		开关(机械式)
2		多级开关一般符号用单线表示
3		多级开关一般符号用多线表示
4		接触器(在非动作位置触点断开)
5		接触器(在非动作位置触点闭合)
6		负荷开关(负荷隔离开关)
7		具有自动释放功能的负荷开关
8		熔断器式断路器
9		断路器
10		隔离开关
11		熔断器一般符号
12		跌落式熔断器
13		熔断器式开关

续表

序号	图形符号	说　明
14		熔断器式隔离开关
15		熔断器式负荷开关
16	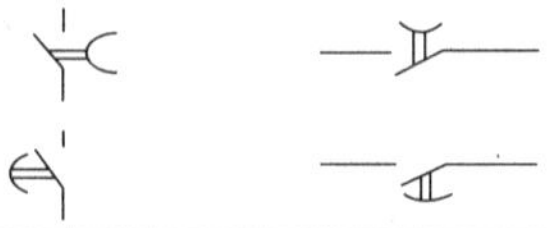	当操作器件被吸合时延时闭合的动合触点
17		当操作器件被释放时延时闭合的动合触点
18	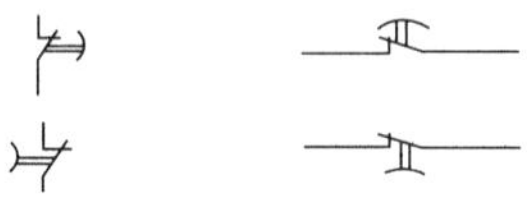	当操作器件被释放时延时闭合的动断触点
19	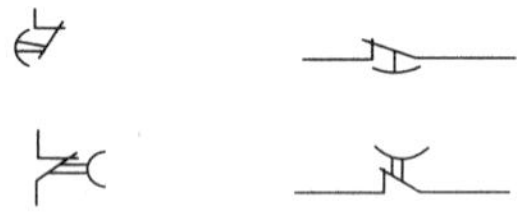	当操作器件被吸合时延时闭合的动断触点
20		当操作器件被吸合时延时闭合和释放时延时断开的动合触点
21		按钮开关(不闭锁)
22		旋钮开关、旋转开关(闭锁)
23		位置开关，动合触点 限制开关，动合触点
24		位置开关，动断触点 限制开关，动断触点
25		热敏开关，动合触点 注：θ 可用动作温度代替
26		热敏自动开关，动断触点 注：注意区别此触点和下图所示热继电器的触点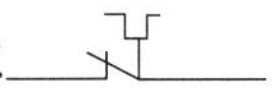
27		动合(常开)触点 注：本符号也可用作开关的一般符号
28		动断(常闭)触点

续表

序号	图形符号	说　明
29		先断后合的转换触点
30		当操作器件被吸合或释放时，暂时闭合的过渡动合触点
31		插座（内孔的）或插座的一个极
32		插头（凸头的）或插头的一个极
33		插头和插座（凸头的和内孔的）
34	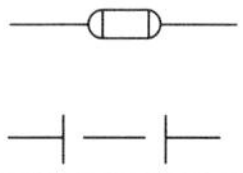	接通的连接片
35		换接片
36	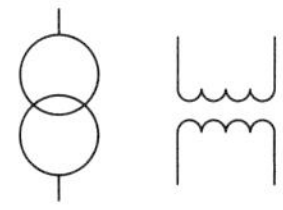	双绕组变压器
37		三绕组变压器
38		自耦变压器
39		电抗器 扼流图
40		电流互感器 脉冲变压器
41		具有两个铁芯和两个二次绕组的电流互感器
42		在一个铁芯上具有两个二次绕组的电流互感器
43	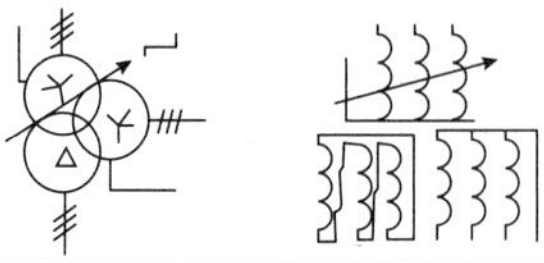	具有有载分接开关的三相三绕组变压器， 有中性点引出线的星形－三角形连接

续表

序号	图形符号	说　明
44	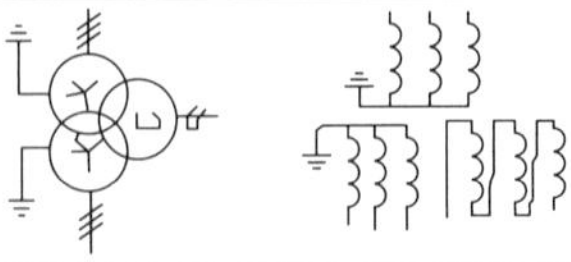	三相三绕组变压器，两个绕组为有中性点引出线的星形，中性点接地，第三绕组为开口三角形连接
45	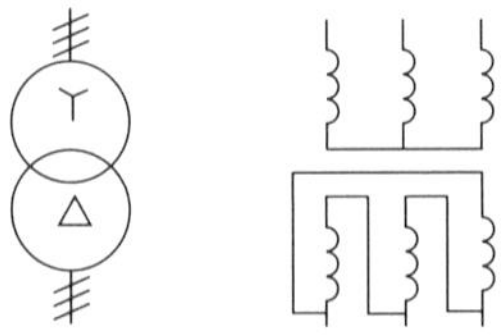	三相变压器 星形 – 三角形连接
46	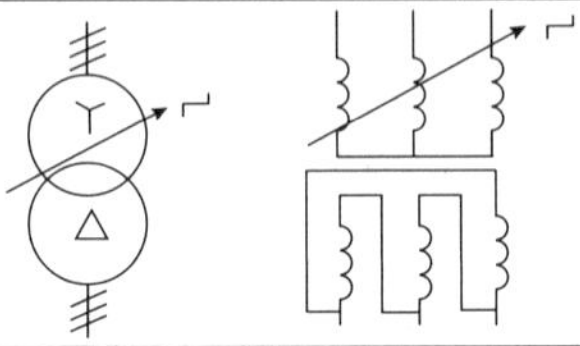	具有有载分接开关的三相变压器 星形 – 三角形连接
47	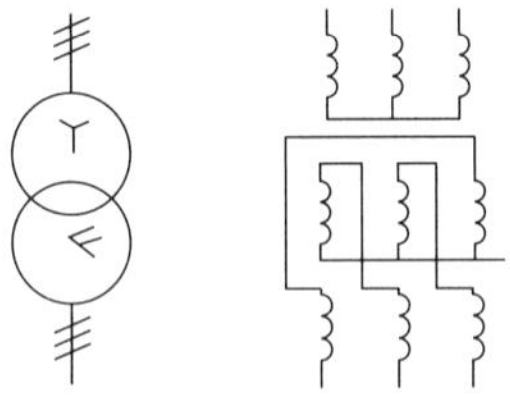	三相变压器 星形 – 曲折形连接
48		热继电器的驱动器件
49	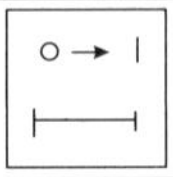	自动重闭合器件
50		电阻器一般符号
51	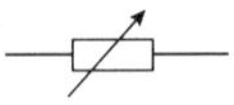	可变电阻器 可调电阻器
52	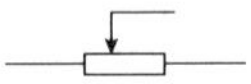	滑动触点电位器
53	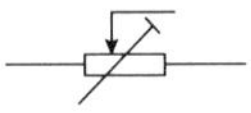	预调电位器
54		电容器一般符号
55		可变电容器 可调电容器
56	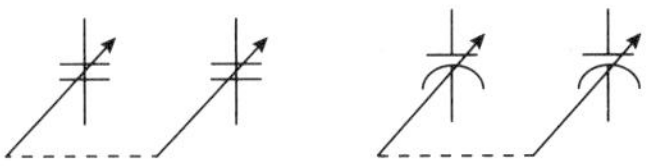	双联同调可变电容器
57		指示仪表(星号必须按规定予以代表)

续表

序号	图形符号	说　明
58	V	电压表
59	A	电流表
60	A Isinφ	无功电流表
61	Var	无功功率表
62	cosφ	功率因数
63	Hz	频率表
64	θ	温度计、高温计(θ可由t代替)
65	n	转速表
66	Wh	电能表(瓦特小时表)
67	Varh	无功电能表
68	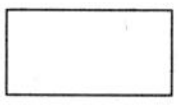	屏、盘、架一般符号 注：可用文字符号或型号表示设备名称
69	 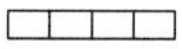	列架一般符号

项目二　常用设备用图形符号

电气设备用图形符号是完全区别于电气图用图形符号的另一类符号。设备用图形符号主要适用于各种类型的电气设备或电气设备部件上，利于操作人员了解其用途和操作方法。常用设备用图形符号见表2－3。

表 2－3　常用设备用图形符号

图形符号	图集使用的范例和说明		
国标	名称	型号、规格、说明	
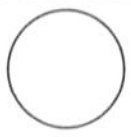	变电所		
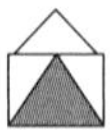	室外箱式变电所		
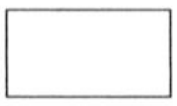	屏、台、箱、柜的一般符号	配电室及进线用开关柜	
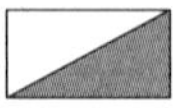	多种电源配电箱（盘）	画于墙外为明装，除注明外，底边距地 1.2m； 画于墙内为暗装，除注明外，底边距地 1.4m	
	电力配电箱（盘）		
	照明配电箱（盘）	画于墙外为明装，除注明外，底边距地 2.0m；明装电能表板底距地 1.8m； 画于墙内为暗装，除注明外，底边距地 1.4m；明装电能表板底距地 1.8m	
	电源切换箱（盘）	画于墙外为明装，除注明外，底边距地 1.2m； 画于墙内为暗装，除注明外，底边距地 1.4m	
	事件照明配电箱（盘）	画于墙外为明装，除注明外，底边距地 1.2m； 画于墙内为暗装，除注明外，底边距地 1.4m	
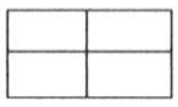	组合开关箱	画于墙外为明装，除注明外，底边距地 1.2m； 画于墙内为暗装，除注明外，底边距地 1.4m	
	配电盘编号	圈内的数字为动力或照明的编号	
	交流电动机	除注明外，只做出线口，防水弯头距机座 0.2m，均附接地螺钉	
	电源引入线	除注明外，架空引入时，高度与一层顶板同	
	交流配电线路	铝芯导线为 2 根 铜芯导线为 2 根	导线型号的选择详见工程设计说明；除工程设计图中注明外，暗敷时，按图集 JD5－605～607 选配相应的管径及线槽
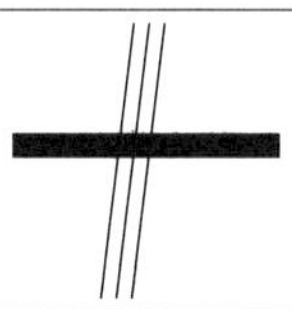	交流配电线路	铝芯导线为 3 根 铜芯导线为 3 根	
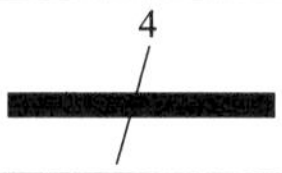	交流配电线路	铝芯导线为 4 根 铜芯导线为 4 根	
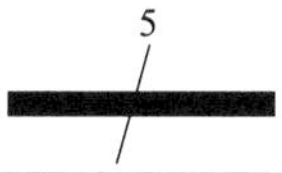	交流配电线路	铝芯导线为 5 根 铜芯导线为 5 根	
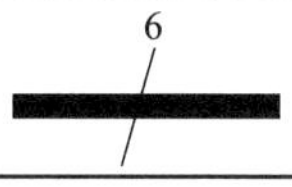	交流配电线路	铝芯导线为 6 根 铜芯导线为 6 根	

续表

图形符号	图集使用的范例和说明	
国标	名称	型号、规格、说明
①	支路编号	
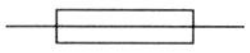	电缆穿管(钢管、非金属管)保护	管径规格见具体工程图注
	中途穿线盒或分线盒	
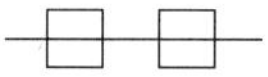	伸缩缝穿线盒	
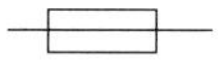	电缆人孔	
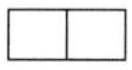	电缆手孔	
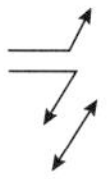 向上配线 向下配线 垂直通过配线	管线引向符号	引上，引下，由上引来，由下引来，引上并引下，由上引来再引下，由下引来再引上
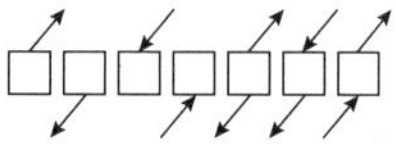	电缆桥架 封闭式母线引向符号 线槽	引上，引下，由上引来，由下引来，引上并引下，由上引来再引下，由下引来再引上
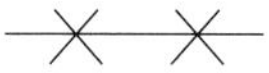	避雷线	
	避雷针	
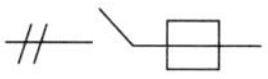	双极带熔断器开关	除注明外，均为 HK1 型单相胶壳闸
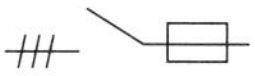	三极带熔断器开关	除注明外，均为 HK1 型三相胶壳闸
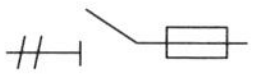	双极带熔断器开关	除注明外，均为 HH3 或 HH4 型单相铁壳开关
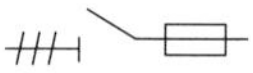	三极带熔断器开关	除注明外，均为 HH3 或 HH4 型三相铁壳开关
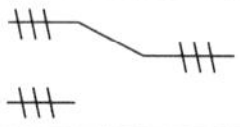	双极三相转换开关	除注明外，均为两电流切换开关
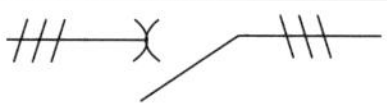	三相低压断路器	规格、型号详见工程图注
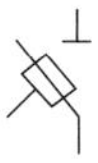	跌落式熔断器	除注明外，均为 RW3－10 型户外跌落式熔断器； 除注明外，均为 RW4－10 型户外跌落式熔断器
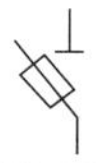	熔断器式隔离开关	除注明外，均为 HR3 型熔断器式隔离开关
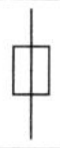	熔断器	除注明外，均为 RC1A 瓷插式熔断器
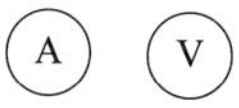	指示式电流表、电压表	除注明外，为 1T1－A 型交流电流表； 除注明外，为 1T1－V 型交流电压表

项目三　变电站主接线图

1　项目简介

变电站主接线图(一次接线)是指由各种开关电器、电力变压器、母线、电力电缆、并联电容器等电气设备按一定次序连接的接收电能与分配电能的电路。在电能计量工作中，正确识别变电站主接线图，对于计量装置检修、故障查找和处理以及保障工作安全都非常重要。

2　变电站主接线图形式

主接线的基本形式有单母线、双母线和桥式接线三种。

2.1　单母线接线。

2.1.1　单母线不分段主接线电路如图2－1所示。其优点是线路简单、使用设备少、造价低；缺点是供电可靠性和灵活性差，母线或隔离开关一旦发生故障将会造成用户停电。因此，单母线接线仅适用于容量较小和对供电可靠性要求不高的中小型工厂。

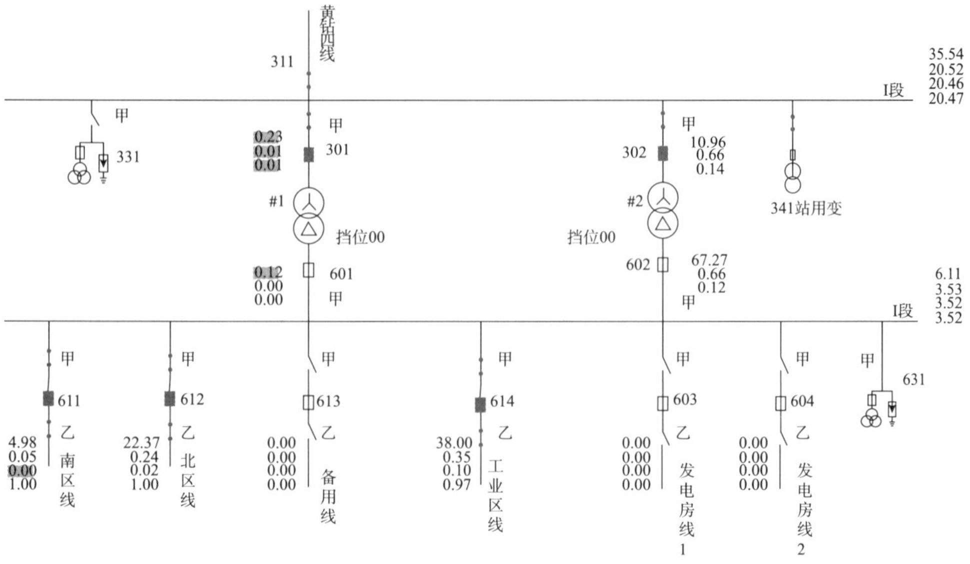

图2－1　单母线不分段主接线

2.1.2　单母线分段式接线电路如图2－2所示。根据电源数目把母线分段运行。其优点是母线或隔离开关故障时，负荷可以不全部切断。单母线分段带旁路母线式主接线电路如图2－3所示。其特点是把主母线用断路器分段，且有一旁路母线配合，当检修设备时，可用旁路母线供电，减少停电时间。它适用于配电线路较多、负荷较重的主变电站或高压配电所。

2.2　双母线主接线电路如图2－4所示。这种接线方式运行可靠、灵活。两根母线互为备用，当一条母线停电或有故障时，不影响其他线路的正常供电，它适用于对供电可靠性要求很高的大型工厂总降压变电站的10～35kV的母线系统。

2.3　桥式主接线电路如图2－5所示。它适用于具有两条回路的电源进线、两台变压器终端的工厂总变电站，其特点是有一条跨接的“桥”。

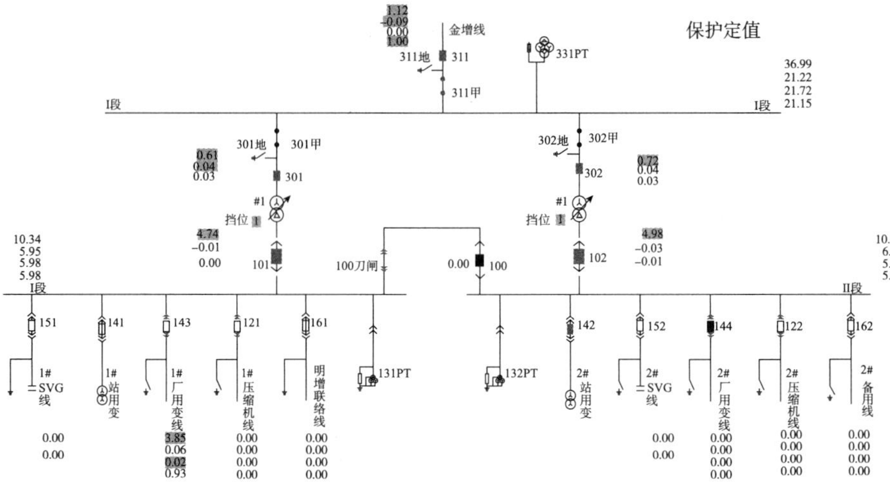

图 2-2　单母线分段式主接线

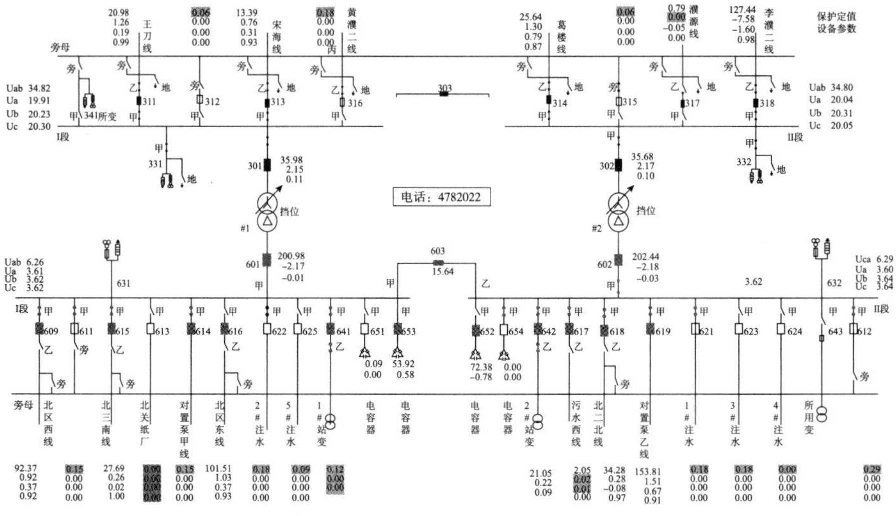

图 2-3　单母线分段带旁路母线式主接线

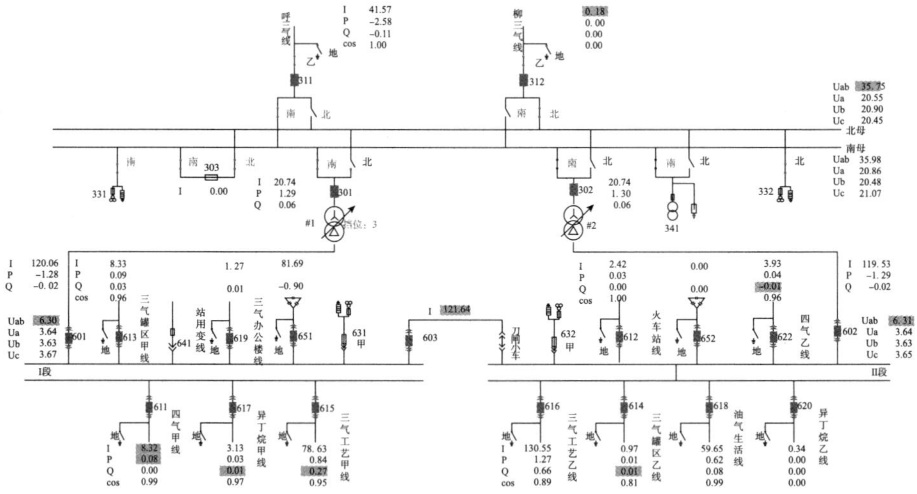

图 2-4　双母线主接线

2.3.1　内桥主接线电路如图 2－5(a)所示。跨接桥(断路器 QF3 支路)靠近变压器侧，它可以提高输电线路的灵活性。如，当线路 WL1 发生故障检修时，把断路器 QF1 断开，此时可由线路 WL2 通过跨接桥使变压器 T1 受电而不致停电。当线路 WL2 故障检修时，可由 WL1 供电。它适用于 35kV 以上的长线路和变压器不需经常操作的系统。

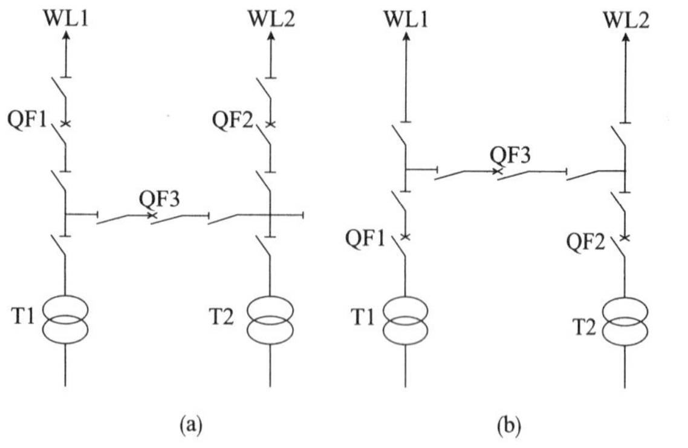

图 2－5　桥式主接线

2.3.2　外桥主接线电路如图 2－5(b)所示。将跨接桥接在靠近线路侧，使变压器的切除和投入都比较方便。它适用于 35kV 以上供电线路较短且变压器需要经常操作的系统。

3　主接线图识图方法

电力系统一次回路图的形式很多，但识图的方法是一致的，看一次回路图一般可从主变压器开始，了解主变压器的技术参数，然后向上看其高压一次侧的母线接线形式，再看其低压侧的母线接线形式。

图 2－6 为有两台主变压器的降压变电站的一次回路图。识图时，先看主变压器，由变压器符号的标注可知，变压器 T1 和 T2 的容量均为 6300kVA，电压由 35kV 变为 10kV，接线组别为 Y，d11。高压侧的母线接线形式为外桥式接线，两路进线的隔离开关带有接地隔离开关，桥路的两侧装有避雷器 F 及电压互感器 TV。

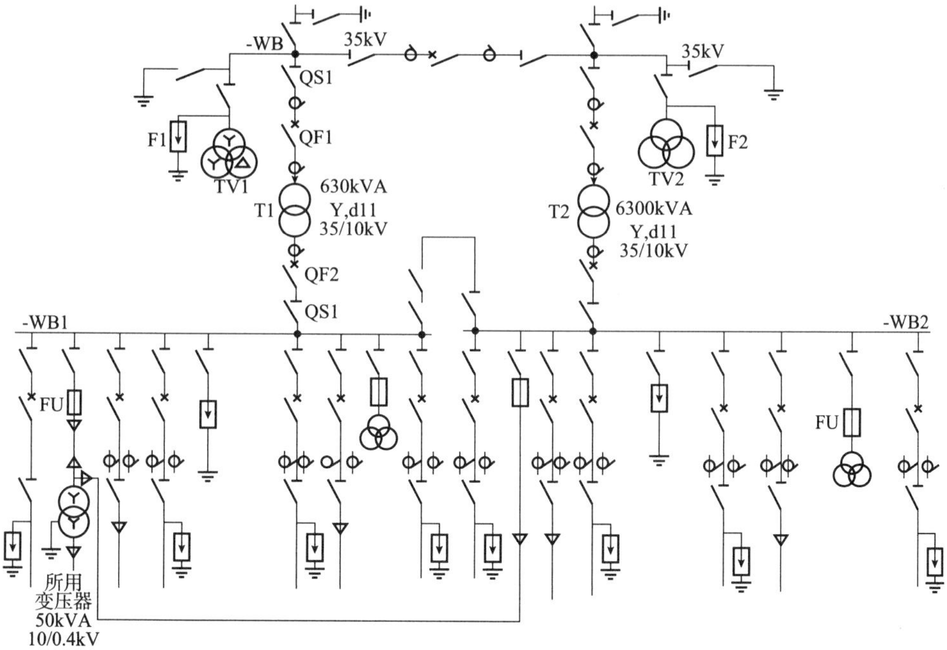

图 2－6　有两台主变压器的降压变电站的一次回路图

变压器低压侧为单母线分段式接线，每台变压器各供一段母线，当有一台变压器停电时，通过母联断路器，由一台主变压器向 WB1 和 WB2 两段 10kV 母线供电，保证了重要负荷不间断供电。每段 10kV 母线都有架空出线和电缆出线，架空出线的出口处都装有避雷器。在 10kV WB1 段母线上装有一台 50kVA 的所用变压器，并经电缆和 WB2 段母线相连，使 WB1、WB2 两段母线都能向所用变压器供电，保证了所用电源的可靠性。另外，在两段母线上都装有电压互感器和避雷器，作计量和防雷保护用。

模块三　二次接线安装图

项目一　端子接线图

1　项目简介

端子是用以连接器件和外部导线的导电件，是二次接线中不可缺少的配件。屏内设备与屏外设备之间的连接是通过端子和电缆实现的。许多端子组合在一起构成端子排。保护屏和控制屏的端子排，多数采用垂直布置方式，安装在屏后的两侧。有些成套保护屏采用水平布置方式，安装在屏后的下部或中部。

2　常用端子的种类及用途(表2－4)

表2－4　常用端子的种类及用途

序号	种类	特点及用途
1	一般端子	连接电气装置不同部分的导线
2	试验端子	用于电流互感器二次绕组出线与仪表、继电器线圈之间的连接，可以接入试验仪表，对回路进行测试
3	连接型试验端子	用在端子上需要彼此连接的电流试验回路中
4	连接端子	用于回路分支或合并，端子间进行连接用
5	终端端子	用于端子排的终端或中间，固定端子或分隔安装单位
6	标准端子	用于需要很方便断开的回路中
7	特殊端子	可在不松动或不断开已接好的导线情况下断开回路
8	隔板	作绝缘隔板，以增加绝缘强度和爬电距离

3　端子排布线要求

应经过端子排连接的回路如下。

3.1　屏内设备与屏外设备的连接、同一屏上各安装单位之间的连接以及为节省控制电缆，需要经本屏转接的转接回路等，均应经过端子排。

3.2　屏内设备与直接接在小母线上的设备(如熔断器、电阻、隔离开关等)连接一般经过端子排。

3.3　各安装单位主要保护的正电源一般经过端子排，其负电源应在屏内设备之间接成环形，环的两端分别接到端子排，其他回路一般在屏内连接。

3.4　电流回路应经过试验端子；预告信号和事件信号回路及其他需要断开的回路，一般经过特殊端子或试验端子。

4　端子排的配置

端子排的配置应满足运行、检修、调试的要求，并尽可能与屏上设备的位置相对应，每一个安装单位应有独立的端子排。垂直布置时，由上而下；水平布置时，由左至右按下列回路分组顺序排列。

4.1　交流电流回路(不包括自动调整励磁装置的电流回路)，按每组电流互感器分组，一般同一保护方式的电流回路排在一起，其中又按数字大小由上而下排列，再按 U、V、W、N 排列。

4.2　交流电压回路(不包括自动调整励磁装置的电压回路)，按每组电压互感器分组，一般同一保护方式的电压回路排在一起，其中又按数字大小排列，再按 U、V、W、N 排列。

4.3　信号回路，按预告、位置、事件信号分组。

4.4　控制回路，按各组熔断器分组，每组里面先排正极性回路，由小到大；再排负极性回路，由大到小。

4.5　转接回路，先排本安装单位的转接端子，再排别的安装单位的转接端子。

4.6　当一个安装单位的端子过多，或一个屏上仅有一个安装单位时，可将端子排成组布置在屏的两侧。

4.7　每一安装单位的端子排应编有顺序号，并尽量在最后留 2 ~ 5 个端子作为备用，当条件许可时，各组端子排之间也宜留有 1 ~ 2 个备用端子，在端子排两端应有终端端子。室内、外端子箱的端子排列，也应按交流电流回路、交流电压回路和直流回路等成组排列；每组电流互感器的二次侧，一般在配电装置端子箱内经过端子连接成星形或三角形等接线方式。一个端子的每端一般接一根导线，导线截面积一般不超过 6mm^2。特殊情况下个别端子最多允许接两根导线。

端子排的排列式样及其应用如图 2 –7 所示。

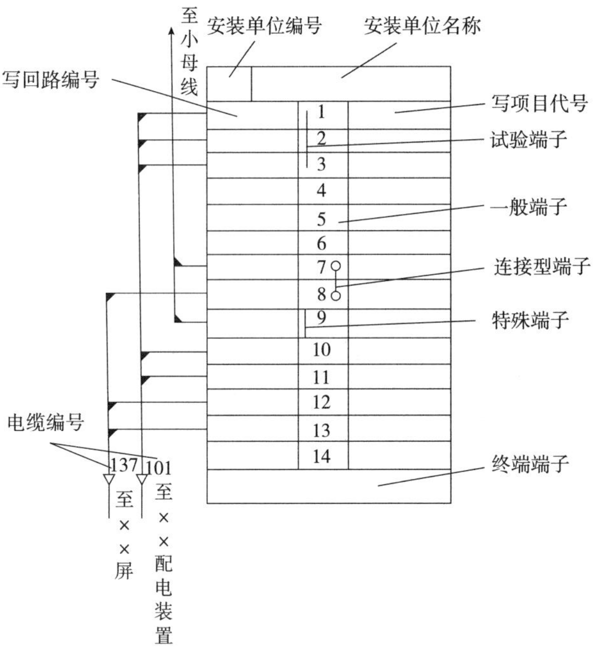

图 2 –7　端子排的排列式样及其应用

5　端子接线图

端子接线图是表示单元或设备经过端子与外部导线的连接关系。端子排属于单元或设备本身的组成部件之一。因此，端子接线图通常不表示端子与内部其他部件的连接关系，但可给出相关文件的图号，以便查阅。然而，由于沿用已久的习惯，电气工程中，端子接线图也同时表示出端子排与内部设备的连接关系。

端子接线图的视图与接线面的视图一致，即布线时面对端子排的那个方向绘制。

项目二　二次回路接线图

1　项目简介

用导线或电缆将二次设备按规定要求连接在一起，用于参数测量、操作控制及信号显示的全部低压回路，称为二次回路。电流回路是电流互感器供给测量仪表、电能表及继电器的电流线圈的回路。

2　二次回路图的有关规定

对二次回路图中电气设备的图形、文字符号和回路标号的要求如下。

2.1　二次回路图中电气设备的图形符号。在二次接线图中，需要采用规定的图形表示各种设备，详见国标《电气简图用图形符号　第4部分：基本无源元件》(GB/T 4728.4—2005)的有关部分。

2.2　二次回路图中电气设备的文字符号。在绘制二次接线图时，二次回路的设备不是以它的名称或型号来表示，而是以代表它的文字符号来表示，如电能计量用的三相有功电能表，在接线图中以文字符号PJ来表示。

2.3　二次回路图中的回路标号。在绘制二次回路展开图时，在各个回路上进行标号的目的是确定回路的用途、性质、种类等，以便于维护、检查、调试和检修等工作。一般回路标号由两位或三位数字组成，当需要标明回路的相别或某些主要特征时，可在数字标号的前面或后面增注文字标号。

回路标号按“等电位”原则编号，即在回路中连接于一点上的所有导线须标以相同的回路标号，如遇有线圈、触点、电阻等元(部)件，其所间隔的线段，即视为不同的线段，须标以不同的回路标号。

数字标号应采用阿拉伯数字，文字标号采用我国汉语拼音字母，与数字标号并列的字母用大写印刷体，上角注的字母用小写印刷体。

3　电流互感器二次回路图

二次回路图按用途不同可分为：原理接线图、展开接线图、盘面布置图、安装接线图、安装原理图。

3.1　电流互感器二次回路的数字标号。

电流互感器二次回路的回路号采用三位数字表示，在数字标号前面加上电流相别文字符号U(A)、V(B)、W(C)、N(中性线)、L(零序)，每台电流互感器每相为一组，可编9个回路号。以U(A)相为例，TA为U401 ~ U409；ITA为U411 ~ U419；2TA为U421 ~ U429；10TA为U501 ~ U509，直到U591 ~ U599。V(B)相、W(C)相及N、L等的编号同U(A)相。U、V、W分别为新国标中规定的交流电相序的第一相、第二相、第三相的相别符号，原使用的A、B、C分别用括号标在其后。

3.2　电流互感器二次回路图。

电流互感器二次回路图是指交流测量仪表的电流回路以及其他电气主电流元件，通过导线或电缆与电流互感器二次绕组相连接的全部电路图。

电流互感器二次回路图一般是按展开接线图的格式和规定绘制的，图2－8为三相三线计量方式连接的电流互感器电流回路的二次接线图。

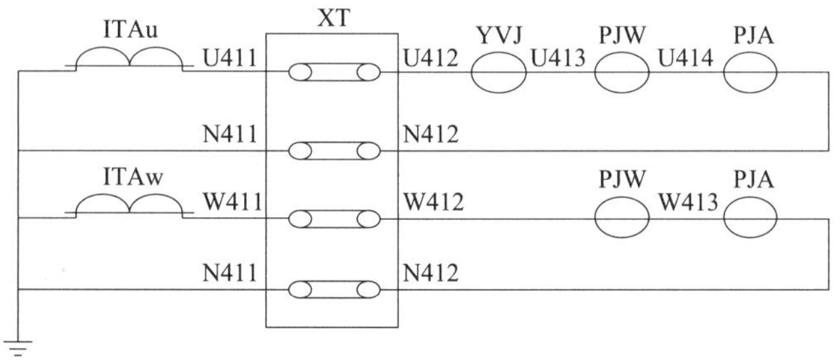

图2－8　电流互感器二次回路图

4　电压互感器二次回路图

4.1　电压互感器二次回路的数字标号。

电压互感器二次回路的回路号采用三位数字表示，在数字标号前面加上电压相别文字符号，每台电压互感器每相为一组，可编 9 个回路号。现以 U(A)相为例，TV 为 U601 ~ U609；1TV 为 U611 ~ U619；2TV 为 U621 ~ U629，直到 U791 ~ U799。V(B)相、W(C)相及 N、L 等的编号同 U(A)相。

4.2　电压互感器二次回路图。

电压互感器二次回路是指交流测量仪表的电压回路以及其他电器的电压元件，通过导线或电缆与电压互感器二次绕组相连接的全部电路图。电压互感器二次回路图一般也是按展开接线图的格式和规定绘制的。图 2 －9 是三相三线计量方式的交流电压回路二次接线图。

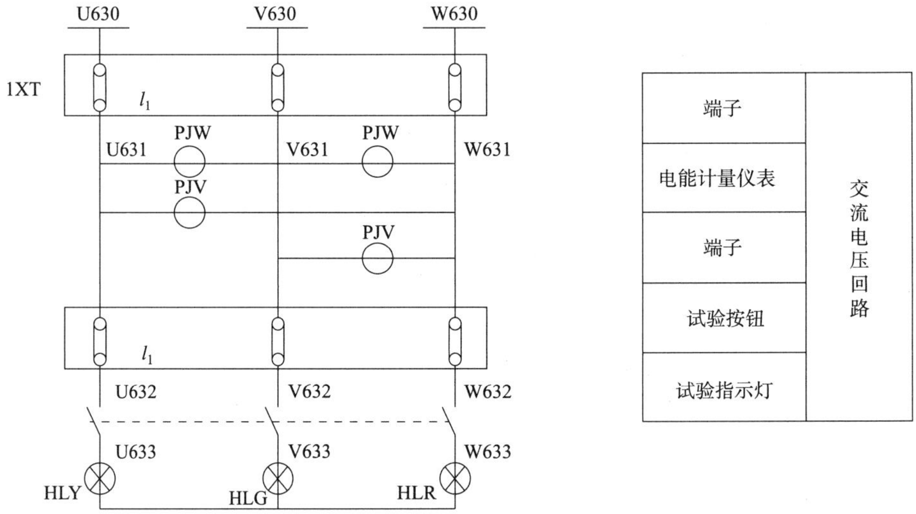

图 2 －9　电压互感器二次回路图

单元三　电能计量装置配置与安装

模块一　电能计量装置的配置

项目一　计量装置的分类

1　项目简介

电能计量装置由各种类型的电能表或与计量用电压、电流互感器(或专用二次绕组)及其二次回路相连接组成的用于计量电能的装置，包括成套的电能计量柜(箱、屏)。电能计量装置的分类管理为电能计量装置的配置和现场校验管理等工作提供依据。

2　电能计量装置分类

运行中的电能计量装置按计量对象重要程度和管理需要分为五类(Ⅰ、Ⅱ、Ⅲ、Ⅳ、Ⅴ)。分类细则及要求如下：

2.1　Ⅰ类电能计量装置。220kV 及以上贸易结算用电能计量装置，500kV 及以上考核用电能计量装置，计量单机容量 300MW 及以上发电机发电量的电能计量装置。

2.2　Ⅱ类电能计量装置。110(66)~220kV 贸易结算用电能计量装置，220~500kV 考核用电能计量装置，计量单机容量 100~300MW 发电机发电量的电能计量装置。

2.3　Ⅲ类电能计量装置。10~110(66)kV 贸易结算用电能计量装置，10~220kV 考核用电能计量装置，计量 100MW 以下发电机发电量、发电企业厂(站)用电量的电能计量装置。

2.4　Ⅳ类电能计量装置。380V~10kV 电能计量装置。

2.5　Ⅴ类电能计量装置。220V 单相电能计量装置。

3　电能表的分类

电能表的分类一般有以下几种：

3.1　按电源性质分类：分为直流电能表和交流电能表。

3.2　按结构和原理分类：分为感应式电能表、电子式电能表和数字式电能表。

3.3　按用途分类：分为工业与民用电能表及特种用途电能表等。特种用途电能表主要有标准电能表、多功能电能表和预付费电能表等。

3.4　按接入方式分类：分为直接接入式电能表、经互感器接入式电能表。

3.5　按电力系统分类：分为单相电能表、三相电能表。三相电能表又分为三相三线电能表和三相四线电能表。

4　电流互感器的分类

4.1　按用途分类：分为测量用电流互感器和保护控制用电流互感器。

4.2　按绝缘方式分类：分为干式电流互感器、浇注式电流互感器和油浸式电流互感器。

4.3　按工作原理分类：分为电磁式电流互感器、光电式电流互感器和电子式电流互感器。

5　电压互感器的分类

5.1　按电力系统分类：分为单相电压互感器和三相电压互感器。

5.2　按结构不同分类：分为单级式电压互感器和串级式电压互感器。

5.3　按工作原理分类：分为电磁式电压互感器、光电式电压互感器和电容式电压互感器。

项目二　电能表的配置

1　项目简介

了解电能表的配置原则，根据用户性质、计量装置类别选择电能表的规格、型号、量程以及准确度等级。

2　选择与配置

2.1　配置原则。

2.1.1　三相低压计量用户，计算负荷电流为60A及以下时，采用直接接入式电能表，但其最大电流不宜超过100A。计算负荷电流为60A以上时，采用经电流互感器接入式电能表。

2.1.2　根据用途的不同，选择不同系列的电能表，如DD系列、DS系列、DT系列等。220V单相供电用户装220V单相电能表；中性点绝缘系统的电能计量装置采用三相三线电能表，非中性点绝缘系统的电能计量装置采用三相四线电能表；低压三相四线供电用户安装三相四线电能表。

2.1.3　Ⅰ类电能计量装置、计量单机容量100MW及以上发电机组上网贸易结算电量的电能计量装置和电网企业之间购销电量的110kV及以上电能计量装置，宜配置型号、准确度等级相同的计量有功电量的主副两只电能表。

2.1.4　电能表必须经过法定计量检定机构检定合格才能使用，严禁安装使用未经检定的电能表。

2.2　电流量程的选择。

电能表的电流量程包括标定电流和额定最大电流。通过电能表的最大工作电流不得大于电能表的额定最大电流，最小工作电流不得低于标定电流的20%。三相电流不平衡时以最大一相的电流为依据。

经电流互感器接入的电能表，其额定电流宜不超过电流互感器额定二次电流的30%，其最大电流宜为电流互感器额定二次电流的120%左右。如果电流互感器额定二次电流为5A，应采用电流量程为1.5(6)A的电能表。如果电流互感器二次电流为1A，则应采用电流量程为0.3(1.2)A的电能表。直接接入式电能表，其标定电流应按正常运行负荷电流的30%左右进行选择。

为提高低负荷计量的准确性，应选择过载4倍及以上的电能表。

2.3　电压量程的选择。

电能表的电压量程即电能表的额定电压或参比电压。电能表的额定电压应与线路电压一致。三相三线高压电能表的额定电压是100V，三相四线高压电能表的额定电压是57.7/100V，低压三相三线电能表的额定电压是380V，低压三相四线电能表的额定电压是220/380V，单相电能表的额定电压是220V。

2.4　准确度等级的选择。

各类计量装置应配置的电能表互感器准确度等级应不低于表3-1中的所示值。

表3-1　各类计量装置应配置的电能表、互感器的准确度等级

电能计量装置类别	准确度等级			
	电能表		电力互感器	
	有功	无功	电压互感器	电流互感器
Ⅰ	0.2S	2	0.2	0.2S
Ⅱ	0.5S	2	0.2	0.2S
Ⅲ	0.5S	2	0.5	0.5S
Ⅳ	1	2	0.5	0.5S
Ⅴ	2	—	—	0.5S

注：发电机出口可选用非S级电流互感器。

项目三　电流互感器的配置

1　项目简介

了解电流互感器的配置原则，根据用户性质、计量装置类别选择电流互感器的额定电压、额定变比、额定容量以及准确度等级。

2　选择与配置

2.1　配置原则：具有满足规范要求的正确性；具有实现计量公平的准确性；具有保证完成计量任务的可靠性；具有在线测量的不间断性；具有可靠的封闭性能和防窃电性能及安全性能，便于工作人员现场检查和带电工作。

2.2　对计量用互感器，应根据以下几个参数进行选择：额定电压、额定变比、额定容量(负荷)、准确度等级，必要时还应考虑动稳定和热稳定参数等。

2.3　互感器必须经过法定计量检定机构检定合格才能使用，严禁安装使用未经检定的互感器。

2.4　额定电压的选择。电流互感器的额定电压应不小于被测线路的额定相电压。

2.5　额定变比的选择。电流互感器额定一次电流(或变比)的确定：电流互感器在正常运行中的实际负荷电流(一次侧工作电流)，保证达到一次额定电流的60%左右，至少不应小于30%，否则应选用高动热稳定电流互感器以减小变比。

一般来说，当电流互感器的一次电流在额定电流的20%～120%时，其励磁电流所占比重较小，计量比较准确。

电流互感器额定一次电流：$I=S/(\sqrt{3}U)$

式中，I为电流互感器额定一次电流，A；S为变压器额定容量，kVA；U为变压器高压侧额定线电压，kV。

根据变压器容量，几种典型高供低计电流互感器的电流比配置见表3－2。

表3－2　电流互感器的电流比配置

变压器容量/kVA	50	80	100	160	200	250	315	400	500
TA 电流比	75/5	100/5	150/5	200/5	300/5	400/5	500/5	600/5	800/5

2.6　互感器额定容量的选择。电流互感器二次额定容量的选择应保证接入其二次回路的实际容量在25%～100%二次额定负荷范围内。二次额定电流为5A的电流互感器二次额定负荷不宜超过15VA，二次额定电流为1A的电流互感器二次额定负荷不宜超过5VA。电流互感器二次额定负荷的功率因数应为0.8～1.0。

电流互感器额定容量：$S_{2e}=I_{2e}Z_{b}$

式中，S_{2e}为电流互感器二次额定容量，kVA；I_{2e}为电流互感器二次额定电流，A；Z_{b}为电流互感器二次额定负载阻抗(包括表计阻抗、接头的接触电阻及导线电阻)，Ω。

2.7　互感器准确度等级的选择。电流互感器的准确度等级应按照电能计量装置分类管理进行选择。电流互感器准确度等级至少为0.5S级，详见表3－1。

项目四　电压互感器的配置

1　项目简介

了解电压互感器的配置原则，根据用户性质、计量装置类别选择电压互感器的额定电压、额定变比、额定容量以及准确度等级。

2　选择与配置

2.1　配置原则：具有满足规范要求的正确性；具有实现计量公平的准确性；具有保证完成计量任务的可靠性；具有在线测量的不间断性；具有可靠的封闭性能和防窃电性能及安全性能，便于工作人员现场检查和带电工作。

2.2　额定电压的选择。电压互感器的一次额定电压不小于接入被测线路电压的0.9倍，不大于被测线路电压的1.1倍，二次额定电压通常为100V。即

$$0.9U_{LX}<U_{1e}<1.1U_{LX}$$

通常，三相电压互感器和接于线电压的单相电压互感器的一次额定电压与供电线电压相同，二次额定电压为100V。单相电压互感器接于相电压的，如用三台单相互感器Y接组成三相互感器，则其一次额定电压应为供电电压的$1/\sqrt{3}$。

2.3　互感器额定容量的选择。高压电能计量装置的电压互感器额定二次负荷的确定，应保证实际二次负荷在25%～100%额定负荷内，防止因过负荷造成电压下降。

由于电压互感器每相二次负荷并不一定相等，因此，各相的额定容量均应按二次负荷最大的一相选择。二次回路接入静止式电能表时，电压互感器额定二次负荷不宜超过10VA，电压互感器额定二次负荷的功率因数应与实际二次负荷的功率因数接近。

2.4　互感器准确度等级的选择。电压互感器准确度等级应不低于表3－1所示值，电压互感器二次回路电压降应不大于其额定二次电压的0.2%。

项目五　二次回路的配置

1　项目简介

用导线或电缆将二次设备按规定要求连接在一起，用于参数测量、操作控制及信号显示的全部低压回路，称为二次回路。主要分为电流二次回路、电压二次回路和操作二次回路。电能计量装置的计量二次回路的运行状态对于保障电能计量的准确、可靠至关重要，因此在进行二次回路配置时一定按照规程要求进行。

2　选择与配置

2.1　互感器二次回路的连接导线应采用单股绝缘铜质线。对电流二次回路，连接导线截面积应按电流互感器的额定二次负荷计算确定，至少不应小于 $4mm^2$；对电压二次回路，连接导线截面积应按允许的电压降计算确定，至少不应小于 $2.5mm^2$。

2.2　二次回路接线电缆的识别标志应符合《电线电缆识别标志方法第 1 部分：一般规定》(GB/T 6995.1—2008)的要求，导线外皮颜色应采用黄、绿、红色线；淡蓝色为中性线；黄和绿双色为接地线。

2.3　安装在电力用户处的贸易结算用电能计量装置，10kV 及以下电压供电的用户，应配置符合《电能计量柜》(GB/T 16934—2013)规定的电能计量柜或电能计量箱；35kV 电压供电的用户，宜配置符合《电能计量柜》(GB/T 16934—2013)规定的电能计量柜或电能计量箱。未配置电能计量柜或电能计量箱的，其互感器二次回路的所有接线端子、试验端子应能实施封印。

2.4　电能计量专用电压、电流互感器或专用二次绕组及其二次回路应有计量专用二次接线盒及试验接线盒。电能表与试验接线盒应按一对一原则配置。

2.5　35kV 以上贸易结算用电能计量装置的电压互感器二次回路，不应装设隔离开关辅助接点，但可装设快速自动空气开关。35kV 及以下贸易结算用电能计量装置的电压互感器二次回路，计量点在电力用户侧的应不装设隔离开关辅助接点和快速自动空气开关等，计量点在电力企业变电站侧的可装设快速自动空气开关。

模块二　电能计量装置安装施工

项目一　计量装置安装施工规范

1　项目简介

主要介绍电能计量装置安装工艺和一般要求；电能计量装置安装前的准备工作和安装步骤；安装过程中的危险点和控制措施。

2　操作前的准备

2.1　按照派工单或工作票上所列工作内容准备所需材料和备品、备件，主要包括：计量柜(箱)、电能表、互感器、电量集抄终端、绝缘导线、试验接线盒及封印等。

2.2　根据工作项目准备相关的技术资料，主要包括：电能计量装置安装施工方案及接线图、计量柜(箱)出厂试验报告、电能表和互感器检定证书及用户信息档案等。

2.3　根据工作项目准备安全工器具，主要包括：警示带、验电器、绝缘棒、接地线、标识牌及个人防护用品等。

2.4　根据工作项目准备常用电工工具，主要包括：便携式移动电源、螺丝刀、剥线钳、尖嘴钳、斜口钳、扳手、电钻等。

2.5　根据工作项目准备仪器、仪表，主要包括：万用表、钳形电流表、绝缘电阻表、钳形相位伏安表等。

3　操作步骤

3.1　根据工作任务，组建工作班组。

3.2　联系用户，约定时间到现场核对电能表、互感器类型及参数。

3.3　办理工作票签发后到现场布置安全措施或检查、确认安全措施。

3.4　办理工作许可手续后，召开班前会：工作负责人交代工作内容、人员分工、带电部位和现场安全措施，进行危险点告知和技术交底后，工作班成员履行确认手续。

3.5　按照施工方案和接线图正确安装电能计量装置。

3.6　电能计量装置安装完成后，指定专人检查互感器安装是否牢固，一二次侧连接处接触是否紧密，极性是否正确；电能表接线是否正确，接线工艺是否符合规范要求；试验接线盒内连接片位置是否正确。

3.7　确认安装无误后，记录新装电能计量装置各项参数、数据，并和用户共同签字确认电表底数。

3.8　具备送电条件的，待安全措施全部拆除、人员全部撤离后，现场送电检查。使用相位伏安表等方式核对电能计量装置接线是否正确，检查电量采集终端工作是否正常。

3.9　对互感器、电能表、电量采集终端、试验接线盒及计量柜(箱)加封印，记录编号，并拍照留证。

3.10　现场作业完毕，工作班成员应清点工器具、清理工作现场，做到工完料尽场地清。

3.11　办理工作终结手续。

4　操作要点

4.1　用于计费的电能计量装置应安装于供用电设施的产权分解点。

4.2　同一组的电流、电压互感器应采用制造厂、型号、额定电流比、准确度等级、二次容量均相同的互感器。

4.3　电流互感器进线端极性符号应一致。

4.4　二次导线在敷设前应检查绝缘层是否破损，连接前使用500V绝缘电阻表测量，确保其绝缘性能符合要求。

5　安全注意事项

5.1　现场工作至少由两人进行，严格执行工作监护制度。

5.2　工作人员应正确使用合格的个人劳动防护用品，防止擦伤、碰伤、砸伤。

5.3　登高使用绝缘梯时，应设专人扶梯监护。

5.4　严禁电流互感器二次回路开路，电压互感器二次回路短路。

5.5　工作现场需配备急救小药箱。

6　应急事件预防及处置

6.1　发生人身伤害事件，先用急救箱处理伤处，严重者送医院医治。

6.2　若高温作业发生中暑事件，先用急救箱处理，严重者送医院医治。

项目二　经互感器接入式电能表装拆及验收标准化作业指导书

1　目的

规范经互感器接入式电能表装拆及验收行为，确保高效、安全完成现场装拆及验收工作。

2　适用范围

适用于经互感器接入式电能表装拆及验收工作。

3　安全工作的一般要求

3.1　必须严格执行《油田企业电力安全工作规程第1部分：变电站》(Q/SH 0523.1—2013)相关安全规定。

3.2　常用工具金属裸露部分应采取绝缘措施，仪器、仪表安全工器具应检验合格，并在有效期内。

4　材料、仪器及有关专用工具

4.1　材料和备品、备件见表3－3。

表3－3　材料和备品、备件

序号	名称	型号及规格	单位	数量	备注
1	电能表		只	1	
2	接线标识标签		张	根据作业需要	
3	封印		个	根据作业需要	
4	绝缘胶带		卷	1	
5	绝缘套管		套	根据作业需要	

续表

序号	名称	型号及规格	单位	数量	备注
6	轧带		袋	根据作业需要	
7	绝缘导线		米	根据作业需要	
8	号码管		个	根据作业需要	

4.2　工器具和仪器、仪表见表3－4。

表3－4　工器具和仪器、仪表

序号	名称	型号及规格	单位	数量	备注
1	螺丝刀组合		套	1	
2	电动螺丝刀		套	1	
3	充电式电钻起子机		套	根据作业需要	
4	钢丝钳		把	1	
5	斜口钳		把	1	
6	尖嘴钳		把	1	
7	剥线钳		把	1	
8	低压验电笔		个	1	
9	钳形电流表		个	1	
10	双钳相位伏安表		台	1	
11	手电筒		只	根据作业需要	

5　工作流程(图3－1)

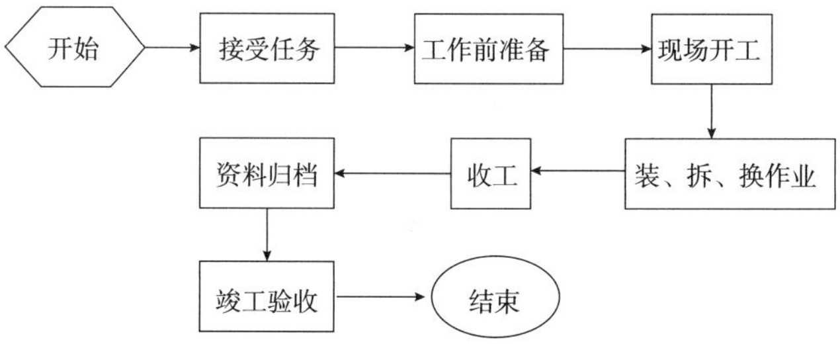

图3－1　工作流程

5.1　电能表拆装流程。

5.1.1　根据计量台账核对用户信息，电能表型号、编号、准确度等级等；抄录电能表当前各项读数，并拍照留证。

5.1.2　检查电能表计量是否有故障，使用相位伏安表等核对电能表和互感器接线方式，防止发生错误接线。

5.1.3　记录换表开始时刻和瞬时功率。

5.1.4　短接试验接线盒内的电流连接片。

5.1.5　拆除需换的电能表。

(1)断开试验接线盒内的电压连接片。用验电笔或万用表确认电能表电压端子确无电压。

(2)使用钳形电流表确认电能表电流线圈确无电流。

(3)拆除电能表进、出线，依次为：先电压线、后电流线，先进线、后出线，先相线、后中性线，从左到右。

(4)拆除电能表固定螺栓，取下电能表。

5.1.6　安装电能表。

(1)检查确认计量柜(箱)完好，符合规范要求。

(2)根据计量柜(箱)接线图核对检查确保接线正确、布线规范。导线的敷设及捆扎应符合规程要求。

(3)安装电能表时，应将电能表牢固地固定在计量柜(箱)内，电能表显示屏与观察窗对准。

(4)按照“先出后进、先零后相、从右到左”的原则进行接线。

(5)所有布线要求横平竖直、连接可靠、接触良好。导线应连接牢固，螺栓拧紧，导线金属部分应全部插入接线端钮内，不得有外露、压皮现象。

(6)计量柜(箱)内布线应尽量远离电能表，尽量减小电磁场对电能表产生影响。

5.1.7　对电能表安装质量和接线进行检查，确保接线正确，工艺符合规范要求。

5.1.8　完毕后，恢复试验接线盒内的电压连片，恢复电流连接片。顺序为先电压后电流。

5.1.9　停止计时，记录换表结束时刻，把换表所用的时间、瞬时功率填写在装拆工作单上并让客户确认。

5.1.10　检查试验接线盒内连接片位置，确保正确。检查电能表等相关电能计量装置，运行状态应正常。

5.2　完工验收。

5.2.1　电能计量装置资料应正确、完备。

5.2.2　检查计量器具技术参数应与计量检定证书和技术资料的内容相符。

5.2.3　检查安装工艺质量应符合有关标准要求。

5.2.4　检查电能表、互感器及其二次回路接线情况应和图纸一致。

模块三　电能表的接线

项目一　单相电能表的接线

1　项目简介

安装单相电能表。

2　操作前的准备

2.1　准备好装表常用的电工工具，主要包括：便携式移动电源、螺丝刀、剥线钳、尖嘴钳等。

2.2　准备好检定证书及装表所需材料和备品、备件，主要包括：绝缘导线及封印等。

2.3　准备接线检查所需的常用仪表，主要包括：万用表、钳形电流表等。

2.4　穿戴合格、齐备的劳动防护用品，主要包括纯棉长袖工作服、绝缘鞋、绝缘手套、安全帽。

2.5　检查安全措施是否正确，办理工作许可手续。

3　操作步骤

3.1　选择电表箱或电能表安装位置，确定进出线长度。

3.2　根据负荷大小选择导线线径，按需截取导线。

3.3　固定电表箱或悬挂电能表。

3.4　正确连接电能表进出线(先接负荷侧，再接电源侧)。

3.5　接线完毕，由工作负责人检查电能表接线，确认接线正确。

3.6　具备送电条件的进行带电检查。

3.7　抄录新装电能计量装置各项参数、数据，并和用户共同签字确认电表底数。

3.8　办理工作终结手续。

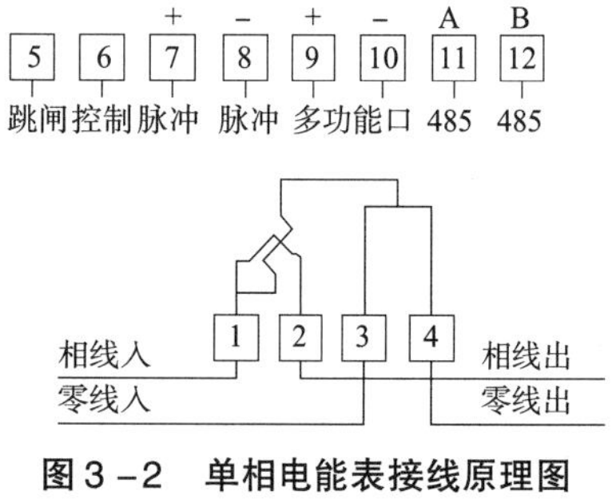

图3-2　单相电能表接线原理图

4　操作要点

4.1　单相电能表接线前，查看说明书或表尾端子盖上的接线图(图3-2)，确定正确的接线方式。

4.2　对具有复费率功能的电能表还要检查时钟偏差、时段设置是否符合要求。

5　安全注意事项

5.1　现场工作至少由两人进行，严格执行工作监护制度。

5.2　工作人员应正确使用合格的个人劳动防护用品，防止擦伤、碰伤、砸伤。

5.3　登高使用绝缘梯时，应设专人扶梯监护。

5.4　工作现场需配备急救小药箱。

6　应急事件预防及处置

6.1　发生人身伤害事件，先用急救箱处理伤处，严重者送医院医治。

6.2　若高温作业发生中暑事件，先用急救箱处理，严重者送医院医治。

项目二　三相四线电能表的接线

1　项目简介

安装经互感器接入式三相四线电能表。

2　操作前的准备

2.1　准备好装表常用的电工工具，主要包括：便携式移动电源、螺丝刀、剥线钳、尖嘴钳等。

2.2　准备好检定证书及装表所需材料和备品、备件，主要包括：绝缘导线、短接线、绝缘套管及封印等。

2.3　准备接线检查所需的常用仪表，主要包括：万用表、钳形电流表、数字相位伏安表、绝缘电阻表等。

2.4　穿戴合格、齐备的劳动防护用品，主要包括纯棉长袖工作服、绝缘鞋、绝缘手套、安全帽。

2.5　检查安全措施是否正确，办理工作许可手续。

3　操作步骤

3.1　新装电能表的接线。

3.1.1　检查电流互感器的极性，采用六线方式连接电流互感器与试验接线盒间的二次回路。

3.1.2　按照电流、电压相对应的顺序连接电源侧(或电压互感器)至试验接线盒间的二次回路。

3.1.3　正确连接试验接线盒与电能表间的电压与电流回路。

3.1.4　检查试验接线盒的电压、电流连接片是否在正确位置。

3.1.5　连接电能表与电量采集终端间的485通信线。

3.2　带电更换电能表的接线。

3.2.1　抄录旧表电压、电流和功率。

3.2.2　用试验接线盒内的电流连片正确短接电流回路。

3.2.3　检查旧表电流和功率，确认电流回路短接良好。

3.2.4　断开试验接线盒内电压连接片。

3.2.5　按照“先出后进、先零后相、先右到左”的原则压接电能表尾接线。

3.2.6　接线完毕，由工作负责人检查电能表接线，确认接线正确。

3.2.7　恢复试验接线盒内电流、电源连接片至换表前位置。

3.3　电能表带负荷后检查电能表电压、电流及功率，确认计量正确。

3.4　确认无误后，记录新装计量装置各项参数，加装封印并拍照留证。

3.5　和用户一起签字确认电能表示数。

3.6　检查、整理、清点工器具和材料，清扫现场。

3.7　办理工作终结手续，离开工作现场。

4　操作要点

4.1　经电流互感器接入的低压三相四线电能表，其电压引入线应单独接入，不得与电流线共用，电压引入线的另一端应接在电流互感器一次电源侧，并在电源侧母线上另行引出，禁止在母线连接螺丝处引出。电压引入线与电流互感器一次电源应同时切合。

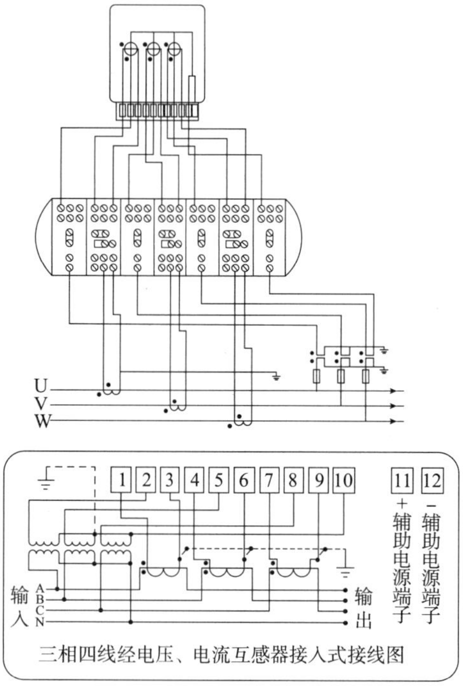

图 3 –3　三相四线电能表接线原理图

4.2　对具有复费率功能的电能表还要检查时钟偏差、时段设置是否符合要求。

4.3　按正相序（U、V、W）相线顺序接线，如图 3 –3 所示。

4.4　新表安装后，布线应横平竖直、整齐美观，连接可靠、接触良好。

5　安全注意事项

5.1　导线压接时不得有压皮和金属部分外露现象。

5.2　低压计量安装时，一定要防止返回电源造成触电事件。

6　应急事件预防及处置

6.1　发生人身伤害事件，先用急救箱处理伤处，严重者送医院医治。

6.2　高温作业，应有防中暑措施。若发生中暑事件，先用急救箱处理，严重者送医院医治。

6.3　发生触电事件后，迅速使伤者脱离电源，就地采取解救措施，及时联系医疗急救人员接替救治。

项目三　三相三线电能表的接线

1　项目简介

安装三相三线电能表。

2　操作前准备

2.1　准备好装表常用的电工工具，主要包括：便携式移动电源、螺丝刀、剥线钳、尖嘴钳等。

2.2　准备好检定证书及装表所需材料和备品、备件，主要包括：绝缘导线、短接线、绝缘套管及封印等。

2.3　准备接线检查所需的常用仪表，主要包括：万用表、钳形电流表、数字相位伏安表、绝缘电阻表等。

2.4　穿戴合格、齐备的劳动防护用品，主要包括纯棉长袖工作服、绝缘鞋、绝缘手套、安全帽。

2.5　检查安全措施是否正确，办理工作许可手续。

3　操作步骤

3.1　抄录旧表电压、电流和功率。

3.2　用试验接线盒内的电流连片正确短接电流回路。

3.3　查看旧表电流和功率，确认电流回路短接良好。

3.4　断开试验接线盒内的电压连接片。

3.5 按照“先出后进、先零后相、先右到左”的原则压接电能表尾接线。

3.6 接线完毕，由工作负责人检查电能表接线，确认接线正确。

3.7 恢复试验接线盒内的电流、电压连接片至换表前位置。

3.8 电能表带负荷后检查电能表电压、电流及功率，确认计量正确。

3.9 确认无误后，记录新装计量装置各项参数，加装封印并拍照留证。

3.10 和用户一起签字确认电能表示数。

3.11 检查、整理、清点工器具和材料，清扫现场。

3.12 办理工作终结手续，离开工作现场。

4 操作要点

4.1 电能表宜装在 0.8 ~ 1.8m 的高度，至少不能低于 600mm。垂直中心线向各方的倾斜角度不大于 1°。

4.2 对具有复费率功能的电能表还要检查时钟偏差、时段设置是否符合要求。

4.3 按正相序（U、V、W）相线顺序接线，如图 3-4 所示。

4.4 新表安装后，布线应横平竖直、整齐美观，连接可靠、接触良好。

5 安全注意事项

5.1 导线压接时不得有压皮和金属部分外露现象。

5.2 在变电站安装计量装置时，一定要注意与带电设备的安全距离及防止误入带电间隔。

6 应急事件预防及处置

6.1 发生人身伤害事件，先用急救箱处理伤处，严重者送医院医治。

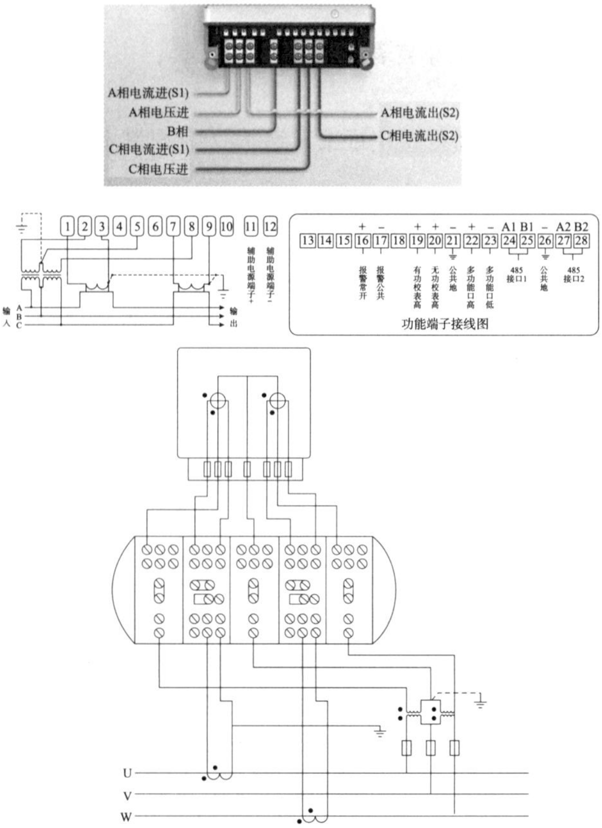

图 3-4 三相三线电能表接线原理图

6.2 高温作业，应有防中暑措施。若发生中暑事件，先用急救箱处理，严重者送医院医治。

6.3 发生触电事件后，迅速使伤者脱离电源，就地采取解救措施，及时联系医疗急救人员接替救治。

项目四 直接接通式电能表的接线

1 项目简介

安装三相四线直接接通式电能表。接线原理如图 3-5 所示。

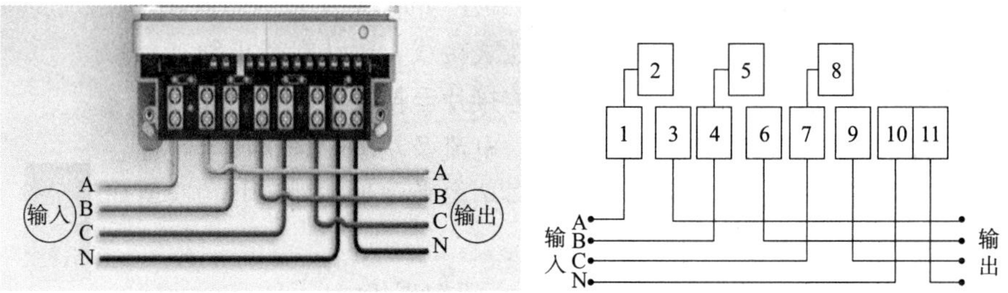

图 3－5　三相四线直接接通式电能表接线原理图

2　操作前准备

2.1　准备好装表常用的电工工具，主要包括：便携式移动电源、螺丝刀、剥线钳、尖嘴钳等。

2.2　准备好检定证书及装表所需材料和备品、备件，主要包括：绝缘导线、绝缘套管及封印等。

2.3　准备接线检查所需的常用仪表，主要包括：万用表、钳形电流表、数字相位伏安表、绝缘电阻表等。

2.4　穿戴合格、齐备的劳动防护用品，主要包括纯棉长袖工作服、绝缘鞋、绝缘手套、安全帽。

2.5　检查安全措施是否正确，办理工作许可手续。

3　操作步骤

3.1　固定电表箱和电能表。

3.2　正确连接电能表接线。

3.3　接线完毕，由工作负责人检查电能表接线，确认接线正确。

3.4　送电后检查电能表电压、电流及功率，计量是否正确。

3.5　确认无误后，记录新装计量装置各项参数，加装封印并拍照留证。

3.6　和用户一起签字确认电能表示数。

3.7　检查、整理、清点工器具和材料，清扫现场。

3.8　办理工作终结手续，离开工作现场。

4　操作要点

4.1　导线截面应根据额定的正常负荷电流按表 3－5 选择，所选导线截面必须小于端钮盒接线孔。

表 3－5　负荷电流与导线截面选择

负荷电流/A	铜芯绝缘导线截面/mm^2
$I<20$	4.0
$20\leqslant I<40$	6.0
$40\leqslant I<60$	7×1.5
$60\leqslant I<80$	7×2.5
$80\leqslant I<100$	7×4.0

注：按 DL/T 448—2016 规定，负荷电流为 60A 以上时，宜采用经电流互感器接入式的接线方式。

4.2　对具有复费率功能的电能表还要检查时钟偏差、时段设置是否符合要求。

4.3　按正相序(A、B、C)相线顺序接线。

4.4　新表安装后，布线应横平竖直、整齐美观，连接可靠、接触良好。

5　安全注意事项

5.1　导线压接时不得有压皮和金属部分外露现象。

5.2　低压计量安装时，一定要防止返回电源造成触电事件。

6　应急事件预防及处置

6.1　发生人身伤害事件，先用急救箱处理伤处，严重者送医院医治。

6.2　高温作业，应有防中暑措施。若发生中暑事件，先用急救箱处理，严重者送医院医治。

6.3　发生触电事件后，迅速使伤者脱离电源，就地采取解救措施，及时联系医疗急救人员接替救治。

模块四　互感器的接线

项目一　电流互感器的接线

1　项目简介

高、低压电流互感器的二次接线。

2　操作前的准备

2.1　使用电流互感器现场校验仪或者干电池法确认电流互感器极性。

2.2　使用电流互感器现场校验仪测试电流互感器各绕组变比。

2.3　准备接线检查所需的常用仪器、仪表，主要包括：万用表、钳形电流表、绝缘电阻表、电流互感器现场校验仪等。

2.4　穿戴合格、齐备的劳动防护用品，主要包括纯棉长袖工作服、绝缘鞋、绝缘手套、安全帽。

2.5　检查安全措施是否正确，办理工作许可手续。

3　操作步骤

3.1　单相接线。

主要用于单相电能表的接线，必须将电流互感器安装在相线(火)上，如图3－6(a)所示。

3.2　三相对称电路接线。

用一只电流互感器测量三相负荷中一相电流的接线方式，被测量的单相电流与对称的其他两相电流相等，如图3－6(b)所示。

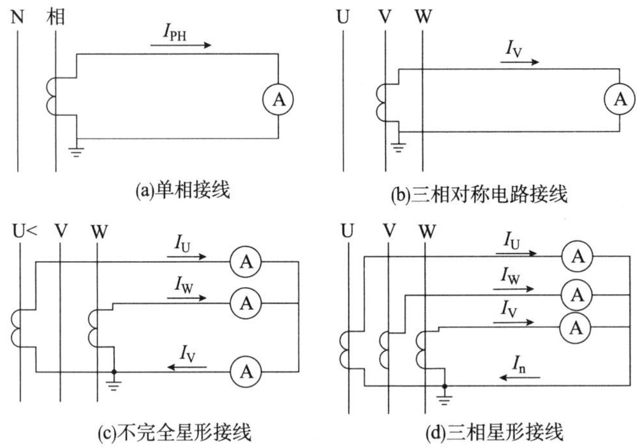

(a)单相接线　(b)三相对称电路接线　(c)不完全星形接线　(d)三相星形接线

图3－6　电流互感器的接线

3.3　不完全星形接线。

用两只电流互感器的不完全星形的接线方式测量其三相电流，也叫V形接线，用于三相三线电能计量中，如图3－6(c)所示。

3.4　三相完全星形接线。

用三只电流互感器的三相星形的接线方式测量其三相电流，也叫星形接线或Y形接线，用于三相四线电能计量中，如图3－6(d)所示。

3.5　多抽头电流互感器接线。

这种形式的电流互感器，在绕制二次绕组时增加几个抽头，以获得多个不同变比，如图3－7所示。

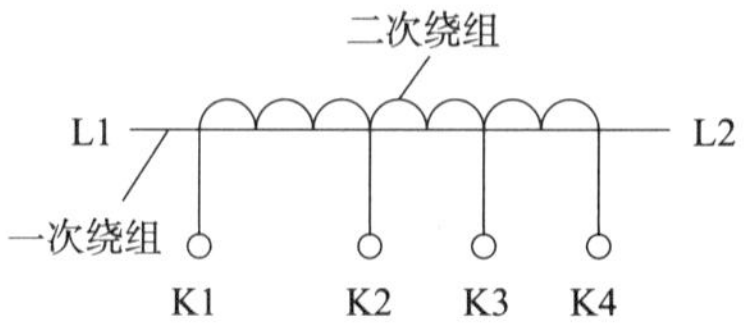

图3－7 多抽头电流互感器的接线

4 操作要点

4.1 电流互感器绕组应按减极性接线，一次与二次的接线端要接触良好，并设置符合要求的接线标志。

4.2 电流互感器二次侧只允许有一个可靠的接地点，就近设置在电流互感器端子箱内，经端子接地。

4.3 多抽头电流互感器不用的抽头禁止短接。

5 安全注意事项

5.1 现场工作至少由两人进行，严格执行工作监护制度。

5.2 工作人员应正确使用合格的个人劳动防护用品，防止擦伤、碰伤、砸伤。

5.3 电流互感器二次绕组在运行时严禁开路。

6 应急事件预防及处置

6.1 发生人身伤害事件，先用急救箱处理伤处，严重者送医院医治。

6.2 高温作业，应有防中暑措施。若发生中暑事件，先用急救箱处理，严重者送医院医治。

6.3 发生触电事件后，迅速使伤者脱离电源，就地采取解救措施，及时联系医疗急救人员接替救治。

项目二 电压互感器的接线

1 项目简介

电压互感器的二次接线。

2 操作前的准备

2.1 确认电压互感器极性。

2.2 准备接线检查所需的常用仪器、仪表，主要包括：万用表、相序表、绝缘电阻表等。

2.3 穿戴合格、齐备的劳动防护用品，主要包括纯棉长袖工作服、绝缘鞋、绝缘手套、安全帽。

2.4 检查安全措施是否正确，办理工作许可手续。

3 操作步骤

3.1 两台单相电压互感器接成不完全角形(Vv)接线(图3－8)。

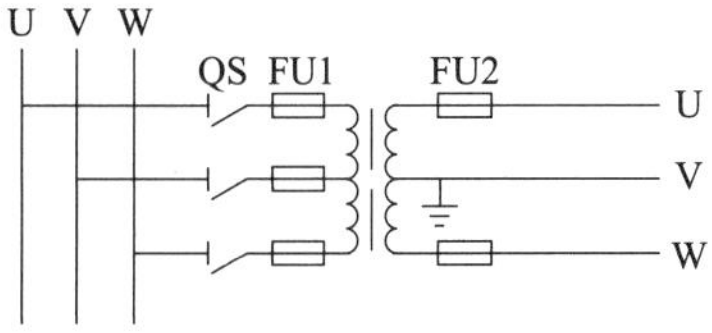

图3－8 两台单相Vv接线

3.2 采用一台三相三柱电压互感器，电压互感器的一、二次绕组都接成星形(YNyn)接线(图3－9)。

3.3 采用一台三相五柱电压互感器，电压互感器的一、二次绕组接成 YNynv 接线(图 3-10)。

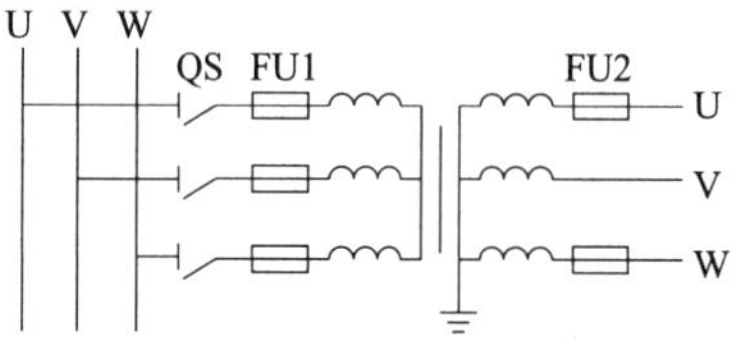

图 3-9 三相三柱 YNyn 接线

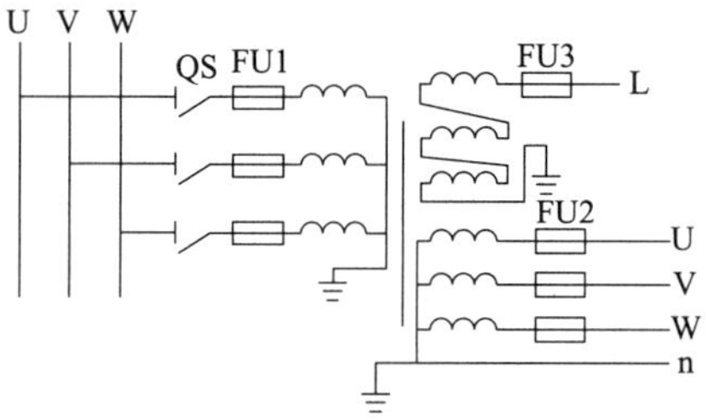

图 3-10 三相五柱 YNynv 接线

4 操作要点

4.1 电压互感器按正确的相序进行接线，防止极性接错，造成某一相电压升高。

4.2 接入中性点绝缘系统的电压互感器，35kV 及以上的宜采用 Yy 方式接线；35kV 以下的宜采用 Vv 方式接线。接入非中性点绝缘系统的电压互感器，宜采用 YNyn 方式接线，其一次侧接地方式和系统接地方式相一致。

4.3 35kV 以上贸易结算用电能计量装置的电压互感器二次回路，不应装设隔离开关辅助接点，但可装设快速自动空气开关。35kV 及以下贸易结算用电能计量装置的电压互感器二次回路，计量点在电力用户侧的不应装设隔离开关辅助接点和快速自动空气开关等；计量点在电力企业变电站侧的可装设快速自动空气开关等。

5 安全注意事项

5.1 电压互感器二次绕组在运行时严禁短路。

5.2 电压互感器二次绕组应可靠接地，以保证人身和仪表的安全。

6 应急事件预防及处置

6.1 发生人身伤害事件，先用急救箱处理伤处，严重者送医院医治。

6.2 高温作业，应有防中暑措施。若发生中暑事件，先用急救箱处理，严重者送医院医治。

6.3 发生触电事件后，迅速使伤者脱离电源，就地采取解救措施，及时联系医疗急救人员接替救治。

项目三 高压组合互感器的接线

1 项目简介

高压组合互感器是一种集电压互感器和电流互感器于一体的户外电能计量装置，电压等级一般有 10kV 和 35kV 两种，接线方式有三相三线制(图 3-11)和三相四线制(图 3-12)两种。

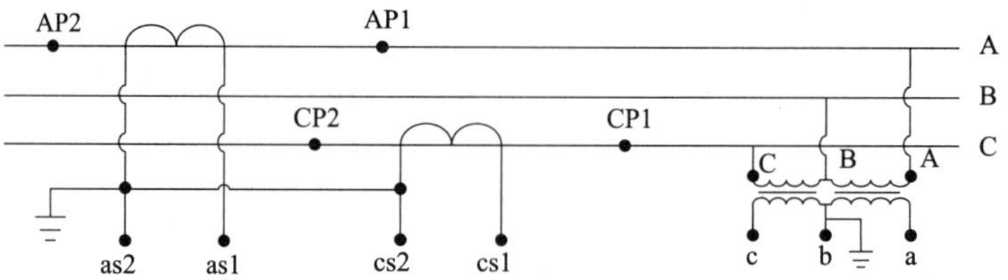

图 3-11 三相三线高压组合互感器接线原理图

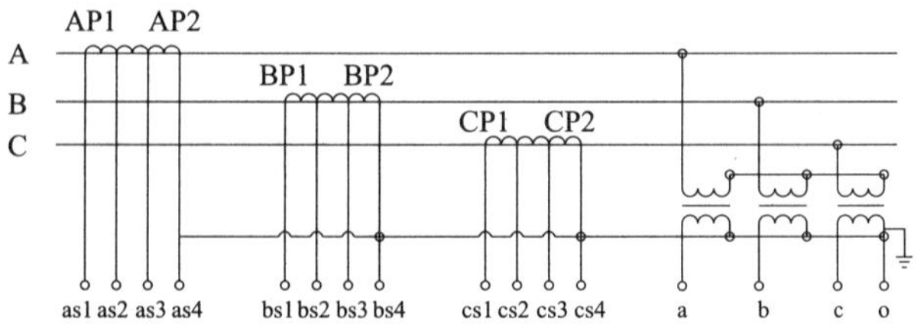

图3－12 三相四线高压组合互感器接线原理图

2 操作前的准备

2.1 使用电流互感器现场校验仪或者干电池法确认电流互感器极性。

2.2 使用电流互感器现场校验仪测试电流互感器各绕组变比。

2.3 准备接线检查所需的常用仪器、仪表，主要包括：万用表、钳形电流表、绝缘电阻表、电流互感器现场校验仪等。

2.4 穿戴合格、齐备的劳动防护用品，主要包括纯棉长袖工作服、绝缘鞋、绝缘手套、安全帽。

2.5 检查安全措施是否正确，办理工作许可手续。

3 操作步骤

3.1 三相三线高压组合互感器接线：A 相电流端子分别接 as1 与 as2；C 相电流端子分别接 cs1 与 cs2；as2 与 cs2 相连后接地。

3.2 三相四线高压组合互感器接线(3 变比)：A 相电流端子分别接 as1 与 as3；B 相电流端子分别接 bs1 与 bs3；C 相电流端子分别接 cs1 与 cs3；as4、bs4 与 cs4 相连后接地。A 相电流端子 as2 与 as3，B 相电流端子 bs2 与 bs3 及 C 相电流端子分别接 cs2 与 cs3 空出，不准短接。

4 操作要点

对于多变比的高压组合互感器，空出的抽头不要短接，否则会出现变比错误。

5 安全注意事项

5.1 电流互感器二次绕组在运行时严禁开路；电压互感器二次绕组在运行时严禁短路。

5.2 电流互感器和电压互感器二次绕组应可靠接地，以保证人身和仪表的安全。

6 应急事件预防及处置

6.1 发生人身伤害事件，先用急救箱处理伤处，严重者送医院医治。

6.2 高温作业，应有防中暑措施。若发生中暑事件，先用急救箱处理，严重者送医院医治。

6.3 发生触电事件后，迅速使伤者脱离电源，就地采取解救措施，及时联系医疗急救人员接替救治。

模块五 试验接线盒接线

1 项目简介

试验接线盒安装在电能计量二次回路中，主要用于带负荷现场校表和带负荷换表。试验接线盒分为接线式和插接式两种，常用的为接线式试验接线盒。

2 操作前准备

2.1 准备好装表常用的电工工具，主要包括：螺丝刀、剥线钳、尖嘴钳等。

2.2 检查安全措施是否正确，办理工作许可手续。

3 操作步骤

3.1 试验接线盒(三相四线)共由7组端子组成，其中电流线路用3组，每组有3只接线端子，每只端子上下是一个整体，端子间用连接片进行连接或断开。电压线路用4组，每组有3只接线孔，它们是一个整体，上下是断开的，采用连接片进行连接或断开。

3.2 1b、4b、7b、10b为电压连接端子，运行时接通；2b、3b、5b、6b、8b、9b为电流连接端子，运行时2b、5b、8b、接通，3b、6b、9b断开；其余端子的连接如图3－13所示。

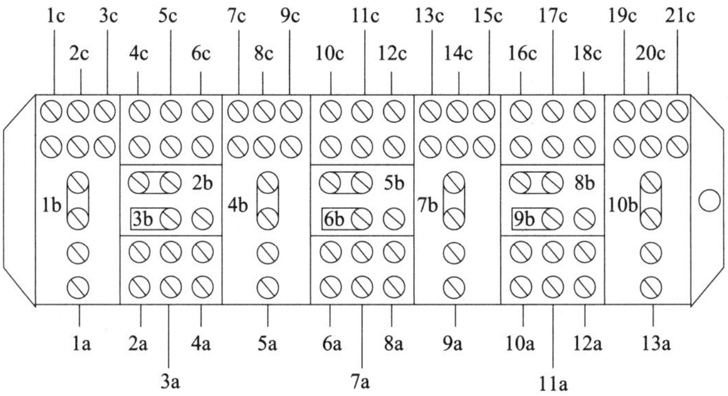

图3－13 试验端子盒内部结构示意图

4 操作要点

4.1 试验接线盒的接线安装完毕后，在投运前要进行二次回路的核对，检查接线螺钉、连接片是否紧固可靠，防止松动或移位造成端子发热或短路而影响电能计量。

4.2 试验接线盒使用完毕，必须检查其接线是否恢复到正常运行状况，并对试验接线盒的盖板加封，清理好工作现场。

4.3 三相三线试验接线盒和三相四线接线盒接线如图3－14所示方式相同，三相三线没有B相电流接线端子。

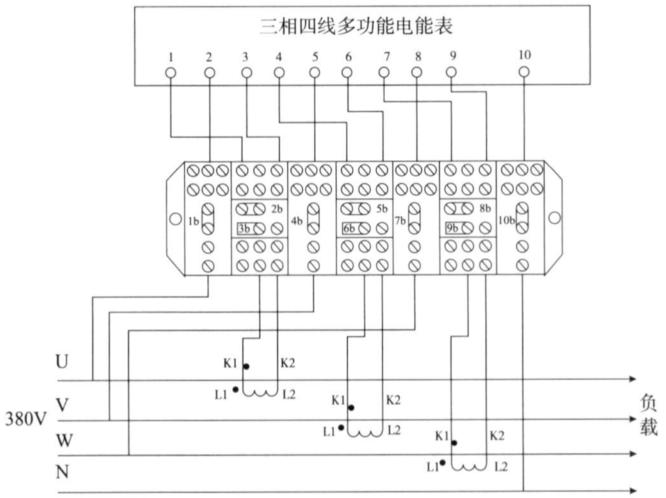

图 3－14　三相四线电能表与接线盒的接线

5　安全注意事项

5.1　现场检验、检查计量装置或更换电能表时，试验接线盒中需要断开、短接的端子必须准确无误。因带电操作，要仔细小心，遵守《电力安全工作规程》中的相关规定。

5.2　通过试验接线盒外接仪表、仪器时，注意接线正确，分清电压相序，防止短路，理顺电流回路的进出线，不得开路。

6　应急事件预防及处置

6.1　发生人身伤害事件，先用急救箱处理伤处，严重者送医院医治。

6.2　高温作业，应有防中暑措施。若发生中暑事件，先用急救箱处理，严重者送医院医治。

6.3　发生触电事件后，迅速使伤者脱离电源，就地采取解救措施，及时联系医疗急救人员接替救治。

单元四　电能计量装置检查与验收

模块一　电能计量装置的检查

项目一　计量装置送电前的检查

1　项目简介

电能计量装置送电前，对电能计量装置的配置、出厂检验报告、检定证书、安装接线及防窃电措施等进行检查。

2　操作前准备

2.1　检查安全措施是否正确，是否符合现场实际条件，进行安全确认后方可开始工作，并设专人监护。

2.2　穿戴合格、齐备的劳动防护用品。主要包括纯棉长袖工作服、绝缘鞋、安全帽。

3　操作步骤

3.1　检查用户计量装置的配置是否满足用户配变容量或用户实际运行负荷的要求。电能表、互感器规格、准确度等级是否满足用户计量要求。

3.2　检查电能表、电压及电流互感器出厂检验合格证及授权电能计量技术机构的检定证书(并在检定有效期内)是否齐全。

3.3　检查表计接线应满足《电能计量装置安装接线规则》(DL/T 825—2002)的要求；每个连接线头应套有标号签；试验接线盒各连接片位置正确、接触良好；各个电气连接应连接紧固；线径粗细满足《电能计量装置技术管理规程》(DL/T 448—2016)的要求；箱变高压计量是否有接线原理图，室内计量装置安装是否按照接线原理图施工。

3.4　检查用电信息采集终端与电能表接线是否正确，终端天线是否安装。

3.5　计量装置安装在室外时，计量用连接电缆、电线应穿管敷设，其穿线管插入箱内不小于2cm并能可靠固定。

3.6　检查计量装置金属外壳应可靠接地。

3.7　检查表计是否具备防窃电功能。计量装置门是否能加锁、加封。

4　操作要点

4.1　可采用直流低电阻测试仪或者二次负荷测试仪对电流互感器二次容量进行测试。

4.2　计量装置的接地电阻应采用接地电阻测试仪进行测试，确保接地良好。

5　安全注意事项

5.1　计量检查时应与邻近带电设备保持安全距离，按照安全规定执行，同时防止误入带电间隔。

5.2　对计量二次回路、电能表、试验接线盒检查时，应用低压验电笔进行验电。

6　应急事件预防及处置

6.1　发生人身伤害事件，先用急救箱处理伤处，严重者送医院医治。

6.2　高温作业，应有防中暑措施。若发生中暑事件，先用急救箱处理，严重者送医院医治。

6.3　发生触电事件后，迅速使伤者脱离电源，就地采取解救措施，及时联系医疗急救人员接替救治。

项目二　计量装置送电后的检查

1　项目简介

电能计量装置送电后，对电能计量装置接线、参数设置、用电信息采集等的正确性进行检查。

2　操作前准备

2.1　准备带电检查所需的万用表、钳形电流表、钳形相位伏安表及电能表现场校验仪等仪器仪表。

2.2　穿戴合格、齐备的劳动防护用品。主要包括纯棉长袖工作服、绝缘鞋、安全帽。

2.3　履行安全许可手续后方可开始工作。

2.4　检查计量装置是否具备送电条件，检查无误后进行送电操作。

3　操作步骤

3.1　检查接线正确性。用相序表核对相序或者使用钳形相位伏安表检查接线准确性。

3.2　带上负荷后观察电能表运行情况并对电能表进行现场校验。带电检查时如果无负荷或者负荷太小，检查无法进行时，应在送电后三天内到现场进行一次检查。

3.3　检查电能表时钟是否正确，各个时段设置是否正确。

3.4　检查用电信息采集终端是否上线，登录主站是否成功，电量采集是否正常。

4　操作要点

4.1　电能表上电后，应去掉外置电池绝缘片，并确定电池电压正常。

4.2　现场校验时应检查用户功率因数符合相关要求。

5　安全注意事项

5.1　计量检查时应与邻近带电部位保持安全距离，按照安全规定执行，防止触电。

5.2　带电进行测试和现场校验时注意电压二次回路禁止短路，电流二次回路禁止开路。

6　应急事件预防及处置

6.1　发生人身伤害事件，先用急救箱处理伤处，严重者送医院医治。

6.2　高温作业，应有防中暑措施。若发生中暑事件，先用急救箱处理，严重者送医院医治。

6.3　发生触电事件后，迅速使伤者脱离电源，就地采取解救措施，及时联系医疗急救人员接替救治。

模块二　电能计量装置的完工验收

1　项目简介

对新安装的电能计量装置进行投产前验收。验收的项目及内容是对技术资料、现场核查、验收试验、验收结果的处理。

2　操作前准备

2.1　准备好验收试验所需的万用表、钳形电流表、钳形相位伏安表及电能表现场校验仪等仪器仪表。

2.2　穿戴合格、齐备的劳动防护用品。主要包括纯棉长袖工作服、绝缘鞋、安全帽。

2.3　履行安全许可手续后方可开始验收工作

3　操作步骤

3.1　技术资料验收。

3.1.1　电能计量装置计量方式原理接线图，一二次接线图，施工设计图和施工变更资料、竣工图。

3.1.2　电能表及电压、电流互感器安装使用说明书，出厂检验报告，授权电能计量技术机构的检定证书。

3.1.3　电能信息采集终端的使用说明书，出厂检验报告、合格证，电能计量技术机构的检验报告。

3.1.4　电能计量柜(箱、屏)安装使用说明书、出厂检验报告。

3.1.5　二次回路导线或电缆的型号、规格及长度等资料。

3.1.6　电压互感器二次回路中的快速自动空气开关、接线端子的说明书和合格证等。

3.1.7　高压电气设备的接地及绝缘试验报告。

3.1.8　电能表和电能信息采集终端的参数设置记录。

3.1.9　电能计量装置设备清单。

3.1.10　电能表辅助电源原理图和安装图。

3.1.11　电流、电压互感器实际二次负载及电压互感器二次回路压降的检测报告。

3.1.12　互感器实际使用变比确认和复核报告。

3.1.13　施工过程中的变更等需要说明的其他资料。

3.2　现场核查。

3.2.1　计量器具的型号、规格、许可标志、出厂编号应与计量检定证书和技术资料的内容相符。

3.2.2　产品外观质量应无明显瑕疵和受损。

3.2.3　安装工艺及质量应符合有关技术规范要求。

3.2.4　电能表、互感器及其二次回路接线实况应和竣工图一致。

3.3　验收试验。

3.3.1　接线正确性检查。

3.3.2　二次回路中间触点、快速自动空气开关、试验接线盒的接触情况检查。

3.3.3　电流、电压互感器实际二次负载及电压互感器二次回路压降的测量。

3.3.4　电流、电压互感器现场检验。

3.4　验收结果的处理。

3.4.1　经验收的电能计量装置应由验收人员及时实施封印。封印的位置为互感器二次回路的各接线端子(包括互感器二次接线端子盒、互感器端子箱、试验接线盒等)、电能表接线端子盒、电能计量柜(箱、屏)门等；实施铅封后应由运行人员或用户对铅封的完好签字认可。

3.4.2　经验收的电能计量装置应由验收人员填写验收报告，注明“计量装置验收合格”或“计量装置验收不合格”及整改意见，整改后再进行验收。

3.4.3　验收不合格的电能计量装置应由验收人员出具整改建议意见书，待整改后再进行验收。

3.4.4　验收不合格的电能计量装置不得投入使用。

3.4.5　验收报告及验收资料应及时归档。

4　操作要点

电流、电压互感器现场检验依据《电能计量装置现场检验规程》进行。

5　安全注意事项

5.1　验收时应与带电体保持安全距离，按照安全规定执行，防止触电。

5.2　带电进行测试和现场校验时电压二次回路禁止短路，电流二次回路禁止开路。

6　应急事件预防及处置

6.1　发生人身伤害事件，先用急救箱处理伤处，严重者送医院医治。

6.2　高温作业，应有防中暑措施。若发生中暑事件，先用急救箱处理，严重者送医院医治。

6.3　发生触电事件后，迅速使伤者脱离电源，就地采取解救措施，及时联系医疗急救人员接替救治。

单元五　电能计量装置现场检验与检测

模块一　电能表现场检验

项目一　电能表现场检验

1　项目简介

电能计量装置现场检验就是在安装现场为检验电能计量装置性能而进行的试验。包括：在运行工况下实施的电能表工作误差、互感器二次实际负荷、电压互感器二次回路压降试验；在非工况下实施的电流互感器、电压互感器试验；设备外观、封印完整性、接线正确性等项目的检查。电能计量装置现场检验依据《电能计量装置现场检验规程》开展。

2　操作前准备

2.1　检查安全措施是否正确，是否符合现场实际条件，履行安全许可手续后方可开始工作，并设专人监护。

2.2　穿戴合格、齐备的劳动防护用品。主要包括纯棉长袖工作服、绝缘鞋、安全帽。

2.3　准备工器具和仪器、仪表。主要包括组合工具、低压验电笔、万用表、钳形电流表和电能表现场校验仪等。

2.4　记录电能表瞬时功率。

3　操作步骤

3.1　经互感器接入式电能表现场校验。

3.1.1　检查电能表现场校验仪电压、电流试验导线通断是否良好，绝缘是否良好。

3.1.2　打开被检电能表接线盒、试验接线盒，检查所有端子与导线连接是否紧密、牢固。

3.1.3　打开电能表现场校验仪电源。

3.1.4　接入电能表现场校验仪。电流测试导线可从试验接线盒处串联接入，也可从电能表屏后试验端子排处串联接入。电压测试导线在被检表表尾处并联接入。0.5S 级及以上等级电能表电流测试导线应采取直接串入回路的接入方式，其他可采用钳形互感器方式接入。

3.1.5　根据被校表形式设置电能表现场校验仪工作参数。

3.1.6　打开电流试验端子连接片。操作电能表现场校验仪人员应及时将电流指示值变化情况告知接线人员。现场校验仪的电流指示应为流经被检电能表电流线圈的电流值。

3.1.7　检查被检计量装置的向量关系和各项参数是否满足技术要求。

3.1.8　被检表误差测试。采用光电采样控制或脉冲信号控制(脉冲信号线对应接在有功校表高和公共地上)，进行误差测试并记录校验条件参数和误差数据。

3.1.9　测试完毕，建立用户资产记录，保存测试数据。

3.1.10　拆除试验导线。短接电流试验端子，现场校验仪电流指示值趋于零值，方可拆除校验仪电流测试导线，关闭校验仪电源开关。

3.1.11　校验结束。再次核对被检计量装置接线是否恢复正常。盖好试验接线盒盖，紧固所有的导线与试验端子连接螺丝。

3.1.12　加装封印。给被检表表尾端子盒及试验接线盒加装封印。

3.1.13　清理现场，恢复原状。

3.2　直接接入式单相、三相四线电能表现场校验。

3.2.1　验电：使用低压验电笔(器)对计量柜(箱)金属裸露部分进行验电。

3.2.2　检查电能表现场校验仪电压、电流试验导线通断、绝缘是否良好。

3.2.3　打开电能表现场校验仪电源，依次接入电压测试导线和钳形电流互感器。

3.2.4　按用户实际负荷(或电能表额定电流)，选取合适的钳形电流互感器(仪器通常配置有5～500A钳形电流互感器)，夹在被试电能表出线侧。

3.2.5　现场校验仪预热后开始进行基本误差测试。

3.2.6　拆除校验仪接线。测试完毕，拆除校验仪钳形电流互感器，检查校验仪显示电流值是否从实测值逐渐减小到零。拆除校验仪电压测试导线。

3.2.7　关闭校验仪电源，整理测试导线，电能表恢复原状后加装封印。

4　操作要点

4.1　电能表现场检验依据《电能计量装置现场检验规程》(DL/T 1664—2016)进行。

4.2　如果现场校验仪选择内接电源，应先将仪器电压测试线接入电压回路，再打开仪器电源开关。

4.3　电流钳使用前应检查钳口结合部是否干净，如有污垢杂质，应仔细清理后再使用，钳口应闭合，接触良好。

4.4　电能表现场校验仪的接线要核对正确、牢固，特别要注意电压与电流不能接反。

4.5　测试线连接完毕后，应有专人检查，确认无误后，方可进行检验。

4.6　在打开电流端子过程中，动作要缓慢，发现异常应立即停止并进行还原操作。

4.7　如采用校表脉冲信号控制线测试误差时，控制线在连接被检表校表脉冲输出端时应小心谨慎，避免与其他带电体接触。控制线如有多余的金属线头，应进行绝缘处理。

4.8　电能表现场校验过程中严禁插、拔电流钳插头。

4.9　电能表现场校验仪接入和拆除不应影响被检电能表的正常工作。

5　安全注意事项

5.1　现场校验时注意与带电设备保持足够的安全距离。

5.2　对标准电能表应做到轻拿、轻放、防止碰撞、损坏。

5.3　接线过程中，严禁电压回路短路或接地，严禁电流回路开路。

5.4　现场检验三相三线电能表时，应将捆扎成束的测试线中的空置导线进行临时绝缘处理，避免误碰带电体造成事件。

6　应急事件预防及处置

6.1　发生人身伤害事件，先用急救箱处理伤处，严重者送医院医治。

6.2　高温作业，应有防中暑措施。若发生中暑事件，先用急救箱处理，严重者送医院医治。

6.3　发生触电事件后，迅速使伤者脱离电源，就地采取解救措施，及时联系医疗急救人员接替救治。

6.4　当设备发生异常时应立即停止工作，待查明原因后方可继续。

项目二　电能表现场检验原始记录填写

1　项目简介

现场检验工作结束后，由检验单位填写电能表现场检验原始记录，出具检验结论，根据需要出具检验报告。

2　操作前准备

2.1　穿戴合格、齐备的劳动防护用品。主要包括纯棉长袖工作服、绝缘鞋、绝缘手套、安全帽。

2.2　准备好《电能表现场检验原始记录》表。

2.3　现场校验仪测试工作结束后，建立用户资产记录，保存试验数据。

3　操作步骤

3.1　外观检查填写要求。

由下列缺陷之一的电能表判定为外观不合格。

3.1.1　铭牌不完整、字迹不清楚或无法辨别。

3.1.2　液晶或数码显示器缺少笔画、断码或不显示，指示灯与运行状态不符等。

3.1.3　字轮计数器上的数字约有1、5高度被字窗遮盖(末位字轮和处在进位的字轮除外)。

3.1.4　表壳损坏，视窗模糊、固定不牢、破裂。

3.1.5　按键失灵。

3.1.6　接线端子损坏。

3.1.7　接地部分锈蚀或涂漆。

3.1.8　封印不完整。

3.2　计量差错检查填写要求。

3.2.1　电能表倍率差错。

3.2.2　电压互感器熔断器熔断或二次回路接触不良。

3.2.3　电流互感器二次回路接触不良或开路。

3.2.4　电压相序反。

3.2.5　电流回路极性不正确。

3.3　电能表工作误差数据填写要求。

工作误差测量数据按表5-1相应等级修约。计数器电能示值应保留到计数器的最小有效位。

表 5-1　电能表工作误差数据修约间隔

被检电能表准确度等级	0.2S	0.5S	1	2	3
修约间隔/%	0.02	0.05	0.1	0.2	0.3

3.4　不合理的计量方式检查。

现场检验时，应检查下列不合理的计量方式：

3.4.1　电流互感器的变比过大，致使电流互感器经常在 20%（S 级电流互感器为 5%）额定电流以下运行。

3.4.2　电能表接在电流互感器非计量二次绕组上。

3.4.3　电压与电流互感器分别接在电力变压器不同侧。

3.4.4　电能表电压回路未接到相应的母线电压互感器二次回路上。

3.4.5　无换向计度器的感应式无功电能表和双向计量的感应式有功电能表无止逆器。

3.5　计数器电能示值组合误差试验。

读取同一时刻的总电能计数器和各费率时段相应计数器的电能示值，电子式计数器电能示值的组合误差应符合式(5-1)的规定。

$$W_D-(W_{D1}+W_{D2}+\cdots+W_{Dn})\leqslant 2(n-1)\times 10^{-\beta} \quad (5-1)$$

式中，W_D 为当前电子显示器总电能计数器的电能量，kW·h；W_{D1}，W_{D2}，$\cdots W_{Dn}$分别为当前电子显示器各费率时段对应的计数器的电能量，kW·h；n 为费率数；β 为电子显示总电能计数器的小数位数。

3.6　时钟示值偏差填写要求。

对具有时钟功能的电能表，其时钟示值偏差应不超过 10min。时钟示值偏差用标准时钟或电台报时 t_0 与电能表当前时钟 t 比较，按照式(5-2)计算，填写时钟示值偏差。

$$\Delta t=t-t_0(\text{s}) \quad (5-2)$$

时钟示值偏差修约间距为 1s。判断测量数据是否满足要求，一律以修约后的结果为准。

3.7　电能表功能检查填写要求。

检查电能表设置参数、事件记录、报警信息等内容，各项功能应符合相应技术标准的要求。

4　操作要点

4.1　测试数据人工采集，数据来源真实，处理正确，记录格式规范、信息齐全。

4.2　当记录中出现错误时，对每一错误应划改，不可擦掉或涂掉，以免字迹模糊或消失，并将正确值填写在其旁边。对记录的所有改动应有改动人的签名或签名缩写。对电子存储的记录也应采取同等措施，以避免原始数据的丢失或未经授权的改动。

4.3　原始记录必须是产生当时的记录，不能事后追记或补记，也不能以重新抄过的记录代替原始记录。

电能表现场检验原始记录如图 5-1 所示。

电能表现场检验原始记录

户名 __________ 户号 ________ 客户地址________ 表号 ___________

制造厂__________ 型号 ________ 相线 ________ 电压 _________

电流 __________ 准确度常数 ________ 检验依据________________

环境温度 ________ 湿度 ________ 检验日期 ______________

检验设备：_______________ 型号 ___________ 编号 ___________

一、检验项目及项目

1. 外观检查 ____________

2. 接线检查 ____________

3. 计量差错和不合理计量方式检查 ________________

4. 工作误差试验

电压/V	电流/A	相位角/(°)	功率因数	有功/无功/W/var	误差值/%	修约后误差值/%
U_1:	I_1:	Φ_1:			误差1：	
U_2:	I_2:	Φ_2:			误差2：	
U_3:	I_3:	Φ_3:			平均值：	

5. 计数器电能示值组合误差试验

电能示值/(kW·h)					显示小数位数a	组合误差/(kW·h)
W_D:	W_{D1}:	W_{D2}:	W_{D3}:	W_{D4}:		

6. 时钟示值偏差试验

当前标准时钟 ______ 当前电能表时钟 ______ 时钟示值偏差 ______

7. 通信接口检查 ____________

8. 功能检查 ____________

二、检验结论：□符合/□不符合所依据的检验规程。

结论说明：__________

检验人员：___________ 核验人员：___________

图 5－1 电能表现场检验原始记录

项目三 经互感器接入式电能表现场检验标准化作业指导书

1 目的

规范经互感器接入式电能表现场检验行为，确保高效、安全完成现场检验。

2 适用范围

适用经互感器接入式电能表的现场检验作业。

3 安全工作的一般要求

3.1 必须严格执行《电力安全工作规程》(GB 26860—2011)相关安全规定。

3.2 常用工具金属裸露部分应采取绝缘措施，仪器仪表及安全工器具应检验合格，并在有效期内。

4 材料、仪器及有关专用工具

4.1 材料和备品、备件见表 5－2。

表5－2　材料和备品、备件

序号	名称	型号及规格	单位	数量	备注
1	封印		个	根据作业需要	
2	绝缘胶带		卷	根据作业需要	
3	轧带		袋	根据作业需要	

4.2　工器具和仪器仪表见表5－3。

表5－3　工器具和仪器仪表

序号	名称	型号及规格	单位	数量	备注
1	螺丝刀组合		套	1	
2	电能表现场校验仪		套	1	
3	便携式移动电源装置		套	根据作业需要	
5	斜口钳		把	1	
6	尖嘴钳		把	1	
7	低压验电笔		个	1	
8	钳形电流表		个	1	
9	手电筒		只	根据作业需要	

5　工作流程(图5－2)

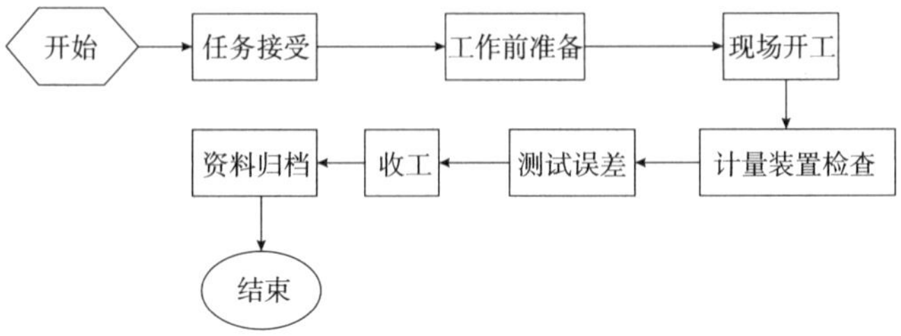

图5－2　工作流程

5.1　在现场核对工作对象、工作范围、工作内容是否相符，并对用户、计量装置资料进行核对，包括被检电能表编号、型号和规格等是否和台账一致。

5.2　计量装置检查。

5.2.1　外观检查主要包括：查看封印、合格证是否完整；观察窗是否清洁完好，便于直接查看各项参数；各计量器具安装、运行环境条件是否符合要求。

5.2.2　检查有无违约窃电行为、故障隐患和不合理计量方式等计量异常情况的发生，必要时，采取有效措施。

5.2.3　检查校验仪电压、电流试验导线通断是否良好，绝缘强度是否良好。

5.3　误差测试。

5.3.1　在现场检验0.5S级电能表时，应采取检验仪直接接入方式。

5.3.2　校验仪的电流回路，在防窃电试验接线盒处接入，要注意电流的进出方向，逐项打开防窃电试验接线盒电流连片并且用电能表校验仪进行监视。电压导线在被检表表尾处接入。

5.3.3 检查电能表时钟应准确，当时差小于5min时，应在现场调整准确。大于5min时视为故障，应查明原因后再行决定是否调整。检查电能表时段设置应符合当前电价策略。

5.3.4 检查电能表异常记录、故障代码等信息。检查电能表电池状态，当电池电量不足时应在现场及时更换；检查电能表有无失压、断流等异常记录，有无当前故障代码。若有，应查明原因，影响计量的应提出相应的退补电量依据，供相关部门参考。

5.3.5 测量工作电压、电流及相位应正常，保持基本平衡；查看电压、电流的幅值，偏差一般不大于10%，相位偏差一般不大于5°，否则应查明原因。

5.3.6 检查电能表显示的电量值、辅助测量值。电能表的示值应正常，各时段电量之和与总电量的相对误差应不大于0.1%，否则查明原因，及时更换；电能表显示功率、电流、电压值应和测试仪器值偏差不大于1%。

5.3.7 核对计量倍率与互感器实际倍率应相符。

5.3.8 用校验仪检查计量接线应正确，当发现接线有误时应根据实际情况填写检查报告，告知用户认可。

5.3.9 测定电能表现场工作状态时的测量误差，其测量结果应满足“交流电能表现场校准技术规范”要求。

5.3.10 拆除校验仪接线，恢复防窃电试验接线盒内电流连片至检验前状态，观察电能表检验仪显示的电流值从实测值全部变为零后，关闭校验仪电源，收纳整理试验导线。

5.3.11 检查被检验计量装置接线是否恢复正常，应将电能表显示的功率与用户实际功率(如控制屏盘表、监视仪表中功率值)核对，确保一致。

5.3.12 清扫整理检验现场，对拆封部位加装封印。

5.4 清理现场，检查现场是否有遗留物品，清点设备和工具，做到工完料净场地清。

5.5 将检测记录及时录入系统。工作结束后，检测记录等应由专人妥善存放，并及时归档。

模块二　电流互感器现场检验

项目一　电流互感器误差、变比测试

1　项目简介

现场检验电流互感器基本误差和变比。

2　操作前准备

2.1　穿戴合格、齐备的劳动防护用品，主要包括纯棉长袖工作服、绝缘鞋、绝缘手套、安全帽。

2.2　准备工器具和仪器仪表，主要包括电工组合工具、电流互感器现场校验仪、便携式移动电源装置、接线辅助绝缘杆等。

2.3　了解现场主接线方式、停电范围等，根据需要准备验电器、安全带、绝缘梯等。

3　操作步骤

3.1　检查处于检修状态的开关位置标识，如果在分位，要合上开关。

3.2　检查电流互感器现场校验仪试验导线通断是否良好，绝缘是否良好。

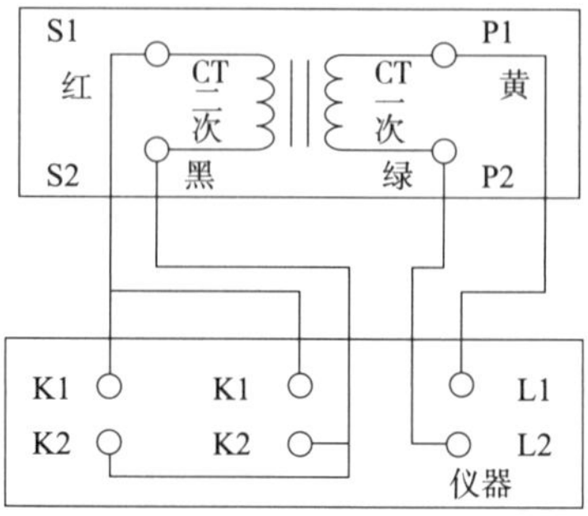

图5－3　误差、变比测量接线图

3.3　打开电流互感器现场校验仪电源，依次接入测试导线。接线图如图5－3所示。

3.4　将电流互感器现场校验仪的L1、L2测试导线分别接在开关进出侧的导线上或设备线夹上。

3.5　将电流互感器现场校验仪的K_1、K_2测试导线分别接在电流互感器的S_1、S_2端子上，同时断开后侧回路。

3.6　电流互感器现场校验仪预热后开始进行基本误差测试。基本误差限值见表5－4。

表5－4　电流互感器基本误差限值

准确度级别	误差项	电流百分数/%				
		1	5	20	100	120
0.1	比值差(±)/%	—	0.4	0.2	0.1	0.1
	相位差(±)/(′)	—	15	8	5	5
0.2	比值差(±)/%	—	0.75	0.35	0.2	0.2
	相位差(±)/(′)	—	30	15	10	10
0.2S	比值差(±)/%	0.75	0.35	0.2	0.2	0.2
	相位差(±)/(′)	30	15	10	10	10
0.5	比值差(±)/%	—	1.5	0.75	0.5	0.5
	相位差(±)/(′)	—	90	45	30	30

续表

准确度级别	误差项	电流百分数/%				
		1	5	20	100	120
0.5S	比值差(±)/%	1.5	0.75	0.5	0.5	0.5
	相位差(±)/(′)	90	45	30	30	30

3.7　拆除电流互感器现场校验仪接线。

3.8　关闭校验仪电源，整理测试导线。

4　操作要点

接电流一次线时，应确保测试导线和电源导线接触良好，必要时检查是否存在氧化或者污垢等现象。

5　安全注意事项

5.1　遵守《电力安全工作规程》，严格执行现场安全措施。注意与带电体保持安全距离。

5.2　做好安全防护措施，使用绝缘梯时设专人扶梯监护。

6　应急事件预防及处置

6.1　发生人身伤害事件时，先用急救箱处理伤处，严重者送医院医治。

6.2　高温作业，应有防中暑措施。若发生中暑事件，先用急救箱处理，严重者送医院医治。

6.3　发生触电事件后，迅速使伤者脱离电源，就地采取解救措施，及时联系医疗急救人员接替救治。

6.4　当设备发生异常时应立即停止工作，待查明原因后方可继续。

项目二　电流互感器绕组极性测试

1　项目简介

使用直流法试验电流互感器的极性。

2　操作前准备

2.1　检查安全措施是否正确，是否符合现场实际条件，履行安全措施确认后方可开始工作，并设专人监护。

2.2　穿戴合格、齐备的劳动防护用品，主要包括纯棉长袖工作服、绝缘鞋、绝缘手套、安全帽。

2.3　准备相关操作工具，主要包括1.5～3V干电池、毫安表或者微安表、测试导线、鳄鱼夹、刀闸开关。

2.4　根据现场情况准备安全带、绝缘梯、安全绳、接线辅助绝缘杆等。

3　操作步骤

3.1　测试前应先确定开关位置在合位(如果电流互感器绕组在开关内)。

3.2　将电流互感器的二次侧K1端子和毫安表正极串联。

3.3　将电流互感器的二次侧K2端子和毫安表负极串联。

3.4　将1.5～3V干电池的正极通过测试导线、闸刀开关与电流互感器一次侧L1串联

(电源测)。

3.5　将干电池负极通过另一根测试导线和电流互感器一次侧 L2 串联(负荷测)。

3.6　轻合闸刀。在合开关的瞬间，观察毫安表指针变化情况。如果毫安表指针从零位往正向偏转为减极性，说明电流互感器接在电池正极上的一次侧与接在毫安表正端的电流互感器二次侧为同极性，即 L1、K1 为同极性。如果毫安表指针从零位往负向偏转为加极性，说明电流互感器接在电池正极上的一次侧与接在毫安表正端的电流互感器二次侧为反极性，即 L1、K1 为反极性。

4　**操作要点**

4.1　毫安表和电池的正负极必须对应电流互感器的极性符号。

4.2　对于二次多绕组的电流互感器，未试验的二次绕组均应短路(多抽头的不能短接)。

4.3　电流互感器的标准极性是减极性，减极性时一、二次电流方向相反。

4.4　毫安表正负极无论是接在电流互感器二次端子上、开关柜端子排上还是电能表尾进出线上，一定要断开下侧回路或表计。

4.5　电池和母线的连接一定接触好，连接电池的导线和母线相碰时频率和速度不能过快。

图 5－4 为直流法测试电流互感器极性接线图。

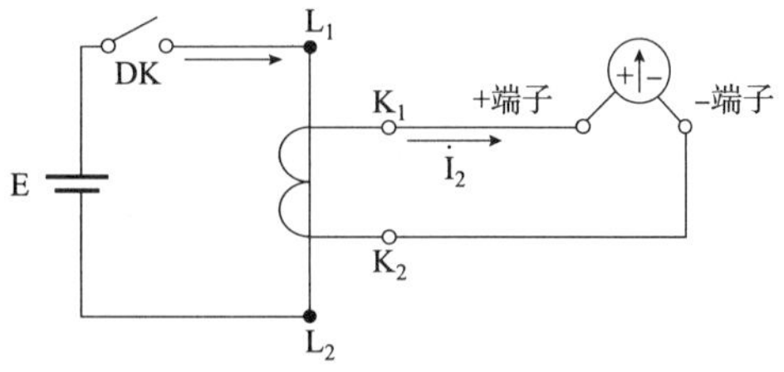

图 5－4　直流法测试电流互感器极性接线图

5　**安全注意事项**

5.1　开关柜空间受限，防止机械伤害。

5.2　在室外高压开关上测试电流互感器极性，宜使用接线辅助绝缘杆连接测试导线。

5.3　需要登高时应系好安全带，使用绝缘梯时设专人扶梯监护。

6　**应急事件预防及处置**

6.1　发生人身伤害事件时，先用急救箱处理伤处，严重者送医院医治。

6.2　高温作业，应有防中暑措施。若发生中暑事件，先用急救箱处理，严重者送医院医治。

6.3　发生触电事件后，迅速使伤者脱离电源，就地采取解救措施，及时联系医疗急救人员接替救治。

6.4　当设备发生异常时应立即停止工作，待查明原因后方可继续。

项目三　电流互感器现场检验原始记录填写

1　**项目简介**

现场检验工作结束后，由检验单位填写电流互感器现场检验原始记录，出具检验结论，根据需要出具检验报告。

2　**操作前准备**

2.1　穿戴合格、齐备的劳动防护用品，主要包括纯棉长袖工作服、绝缘鞋、绝缘手套、安全帽。

2.2　准备好《电流互感器现场检验原始记录》(图 5－5)。

电流互感器现场检验原始记录

厂站名称 ________ 线路名称________ 型号 ____________ 制造厂名 ________________

出厂编号 __________ 极性 ________ 接线方式 __________ 计量二次绕组 ____________

准确度等级 ______ 额定一次电流 _______ 额定二次电流 ______ 额定功率因数_________

额定负荷 ________ 额定频率 ______ 额定电压 ________ 环境温度 ______________

环境湿度

核验设备 名称: ________________ 型号: ___________ 编号: __________________

A相											
额定电流百分比 误差	1	5	10	20	30	40	50	100	120	二次负荷	
										VA	$\cos\Phi$
f/%											
δ/(′)											
f/%											
δ/(′)											
B相											
额定电流百分比 误差	1	5	10	20	30	40	50	100	120	二次负荷	
										VA	$\cos\Phi$
f/%											
δ/(′)											
f/%											
δ/(′)											
C相											
额定电流百分比 误差	1	5	10	20	30	40	50	100	120	二次负荷	
										VA	$\cos\Phi$
f/%											
δ/(′)											
f/%											
δ/(′)											

检验人员: ______________ 核验人员: ______________ 检验日期: ________________

图 5－5　电流互感器现场检验原始记录

2.3　现场校验仪测试工作结束后，建立用户资产记录，保存试验数据。

3　操作步骤

3.1　抄录电流互感器铭牌参数。

3.2　填写用户档案及检验设备信息。

3.3　将电流互感器现场检定装置测得的误差数据对应填入电流互感器现场检验原始记录。

4　操作要点

4.1　电流互感器现场检验时读取的比值差保留到 0.001%，相位差保留到 0.01′，且按规定的格式和要求做好原始记录，并妥善保管。

4.2　误差测量数据可按表5－5相应等级修约。

表5－5　电流互感器工作误差数据修约间隔

准确度等级		0.1	0.2	0.2S	0.5	0.5S
修约间隔	比值差(±)/%	0.01	0.02	0.02	0.05	0.05
	相位差(±)/(′)	0.5	1	1	2	2

4.3　测试数据人工采集，数据来源应真实，处理正确，记录格式应规范、信息齐全。

4.4　当在记录中出现错误时，对每一错误应划改，不可擦掉或涂掉，以免字迹模糊或消失，并将正确值填写在其旁边。对记录的所有改动应有改动人的签名或签名缩写。对电子存储的记录也应采取同等措施，以避免原始数据的丢失或未经授权的改动。

4.5　原始记录必须是产生当时的记录，不能事后追记或补记，也不能以重新抄过的记录代替原始记录。

项目四　电流互感器现场检验标准化作业指导书

1　目的

规范电流互感器现场检验行为，确保高效、安全完成现场检验。

2　适用范围

适用于计量用电流互感器的现场检验作业。

3　安全工作的一般要求

3.1　必须严格执行《电力安全工作规程》相关安全规定。

3.2　常用工具金属裸露部分应采取绝缘措施，仪器仪表及安全工器具应检验合格，并在有效期内。

4　材料、仪器及有关专用工具

4.1　材料和备品、备件见表5－6。

表5－6　材料和备品、备件

序号	名称	型号及规格	单位	数量	备注
1	封印		个	根据作业需要	
2	绝缘胶带		卷	根据作业需要	
3	轧带		袋	根据作业需要	

4.2　工器具和仪器仪表见表5－7。

表5－7　工器具和仪器仪表

序号	名称	型号及规格	单位	数量	备注
1	螺丝刀组合		套	1	
2	电流互感器现场校验仪		套	1	

续表

序号	名称	型号及规格	单位	数量	备注
3	便携式移动电源装置		套	根据作业需要	
4	接线辅助绝缘杆		套	根据作业需要	
5	斜口钳		把	1	
6	尖嘴钳		把	1	
7	低压验电笔		个	1	
8	钳形电流表		个	1	
9	手电筒		只	根据作业需要	

5 工作流程(图5－6)

5.1 在现场应先核对工作对象、工作范围、工作内容是否相符，并对互感器参数资料进行核对，包括被检定互感器变比、容量、二次回路等。

5.2 进行外观及标志检查。确认电源进出线方向；互感器外观有无损伤、是否清洁；铭牌及必要的标志是否完整(包括接线图或接线方式说明、极性标志、额定电流比、互感器型号、产品编号、出厂日期、准确度等级等)。

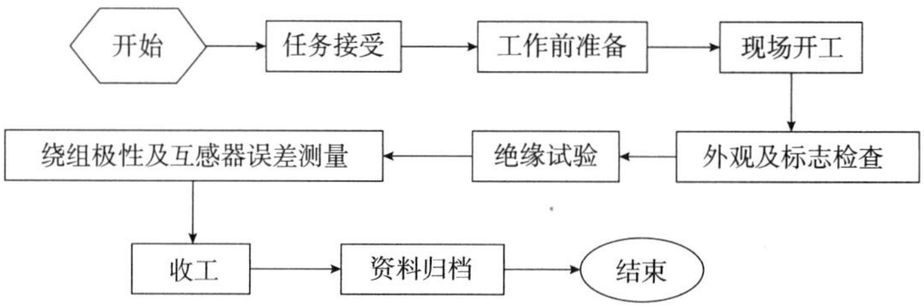

图5－6 工作流程

5.3 绕组极性检查。

5.3.1 试验接线程序：①接取临时电源前应先验电，用万用表确认电源电压等级和电源类型无误后才接取电源。②按试验接线图接好试验装置接线。③断开被检电流互感器二次连片，保证互感器二次从其他回路中独立出来。连接被试电流互感器一次和二次端试验接线。注意辨识被试电流互感器二次计量专用绕组。

5.3.2 互感器校验仪开机预热，并检查工作状态是否正常。

5.3.3 使用互感器校验仪检查绕组极性和额定电流比。

5.4 测量现场实际工作时的测量误差。

5.4.1 确认被试电流互感器二次绕组正确无误并与其二次回路完全断开。一次回路应形成闭合回路，一次电流应无别的旁路。

5.4.2 被检电流互感器的误差应满足检定规程的要求。

5.4.3 检定人员应如实正确记录被检电流互感器的误差。

5.5 复位电流互感器现场校验仪，拆除临时接用电源；依次拆除一次和二次试验导线。恢复被试互感器接线并经检查接线正确；整理、清点作业工具和检验设备。清扫整理作业现场，加装封印。

5.6 将检验数据和信息及时录入系统，检验原始记录等资料存档。

模块三　电压互感器现场检验

项目一　电压互感器误差测试

1　项目简介

现场检验电压互感器基本误差。

2　操作前准备

2.1　准备工器具和仪器仪表，主要包括组合工具、低压验电笔、电压互感器现场校验仪、便携式移动电源装置、接线辅助绝缘杆等。

2.2　穿戴合格、齐备的劳动防护用品，主要包括纯棉长袖工作服、绝缘鞋、安全帽。

2.3　了解现场主接线方式、停电范围等。

2.4　检查安全措施是否正确，是否符合现场实际条件，确认履行安全措施后方可开始工作，并设专人监护。

3　操作步骤

3.1　开机，按任意键进入主菜单。

3.2　按“↑”“↓”键选择“测量”进入主要测量功能。按“↑”“↓”键，把光标移到“PT误差测量”上，按“确定”。

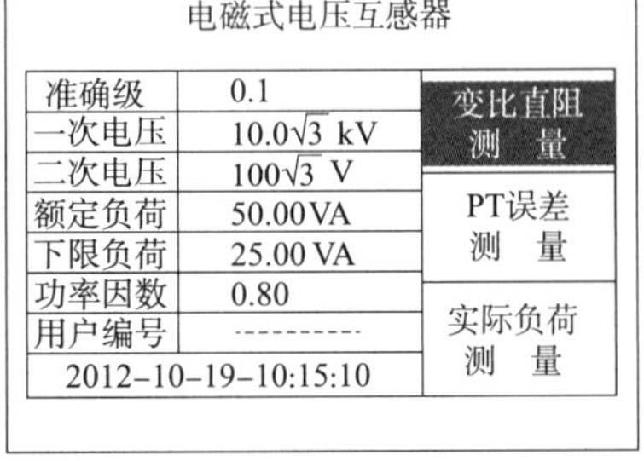

3.3　进入电压互感器标准误差测量，测量过程只需两步：

3.3.1　第一步：测量被测电压互感器的空载外推点误差。

按“↑”“↓”键，把光标移到“测量”上，按“确认”，仪器开始测量。界面右下角为仪器测量进程显示，当不显示“等待测量”和“测量完成”时，表明仪器正在测量当中。在此过程中，请勿断开仪器和被测互感器的接线，以及切勿触摸被测互感器与测试夹。

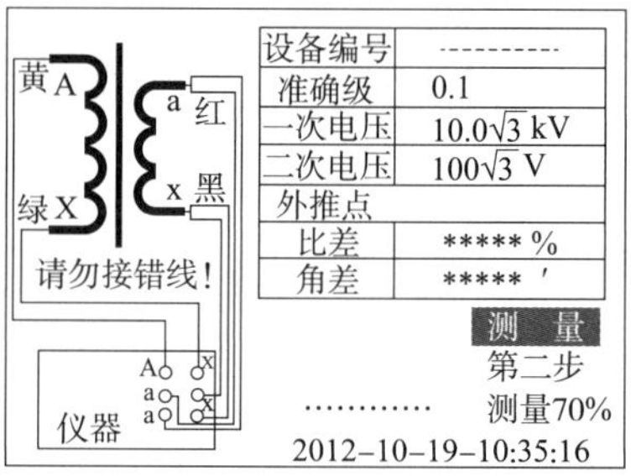

“变比错误”：被测互感器一二次与界面输入一二次电压不符。“极性错误”：被测互感器与仪器连接错误。“一次开路”：被测互感器与二芯线处于开路状态。“二次开路”：被测互感器与四芯线处于开路状态。“测量完成”：仪器测量结束。“等待测量”：仪器等待测量。若需要调整对被测互感器的接线，等待界面显示“测量完成”后，或者按“复位”键，或者关机。调整完毕后重新测量。

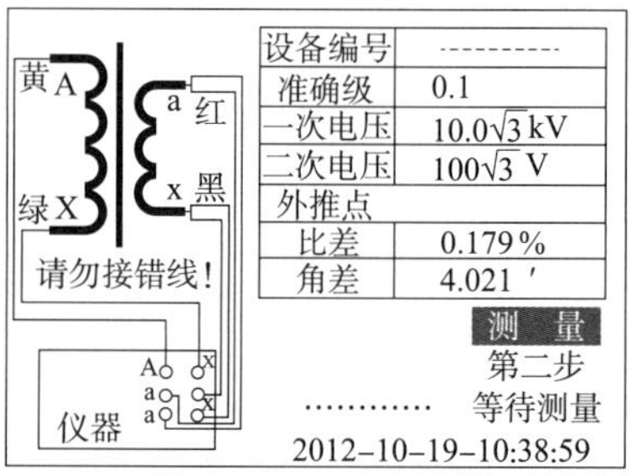

再次测量，界面将进行数据清除，显示初始界面。

3.3.2　第二步：按“↑”“↓”键，把光标移到“第二步”上，按“确定”。

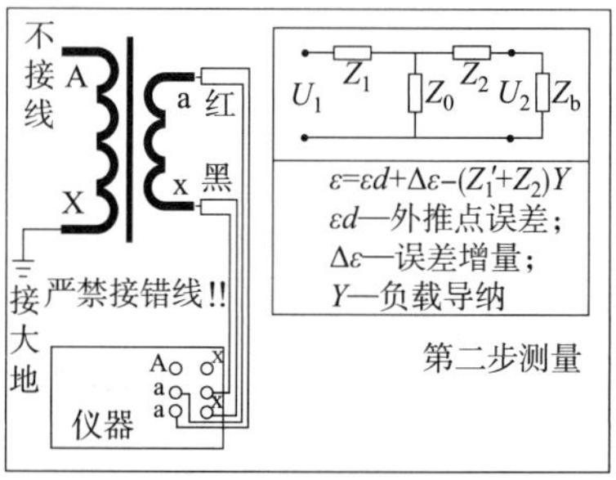

按“↑”“↓”键，把光标移到“测量”上，按“确认”，仪器开始测量。

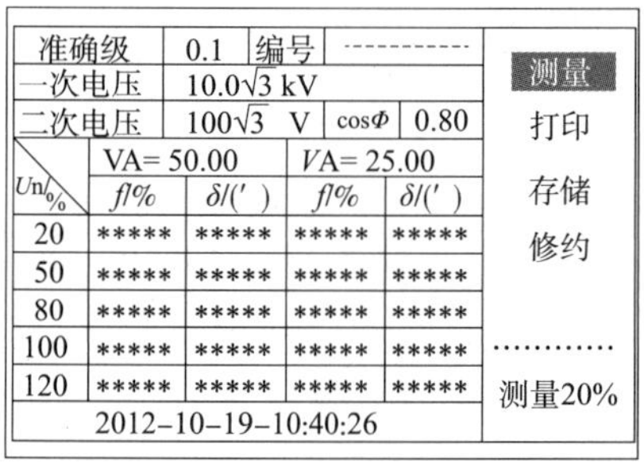

界面右下角为仪器测量进程显示，当不显示“等待测量”和“测量完成”时，表明仪器正在测量当中。在此过程中，请勿断开仪器和被测互感器的接线，以及切勿触摸被测互感器与测试夹。

“一次连接”：被测互感器一次端子与二芯线处于连接状态。“一次开路”：被测互感器与二芯线处于开路状态。“二次开路”：被测互感器与四芯线处于开路状态。“测量完成”：仪器测量结束。“等待测量”：仪器等待测量。

准确级	0.1	编号	----------		测量
一次电压	$10.0\sqrt{3}$ kV				打印
二次电压	$100\sqrt{3}$ V		cosΦ	0.80	存储
	VA= 50.00		VA= 25.00		修约
Un/%	f/%	δ/(′)	f/%	δ/(′)	
20	–0.470	3.26	–0.050	3.46	
50	–0.484	4.39	–0.080	3.89	
80	–0.484	5.00	–0.130	3.00	
100	–0.478	5.40	–0.129	3.40	…………
120	–0.480	6.20	–0.136	4.20	测量完成
2012–10–19–10:42:54					

若界面显示“一次连接”“一次开路”“二次开路”其中一项或者多项时，则蜂鸣器鸣叫且结束测量，须检查仪器与被测互感器的连接状态。

仪器逐点显示标准误差的每个点的比差、角差。每测完一个点的比差、角差，蜂鸣器鸣响提示。

按“↑”“↓”键，移动光标到“打印”“存储”“修约”其一选项上，按“确定”键则执行相关功能。

再次测量，界面将进行数据清除，显示初始界面。

4　操作要点

若界面显示“变比错误”“极性错误”“一次开路”“二次开路”其中一项或者多项时，则蜂鸣器鸣叫且结束测量，需检查仪器参数输入以及仪器与被测互感器的连接状态（处理方法：1. 检查输入一二次电压与被测互感器的一二次电压是否一致。2. 检查仪器的红色连接线与被测互感器极性端子相连。3. 检查接触是否良好以及是否连接。4. 检查测试线是否有断线）。

5　安全注意事项

在准备进行第二步测量时，请务必确保被测互感器的一次端“X”与地线良好接触！请务必确保操作人员与被测互感器处于安全距离以外！

6　应急事件预防及处置

6.1　发生人身伤害事件时，先用急救箱处理伤处，严重者送医院医治。

6.2　高温作业，应有防中暑措施。若发生中暑事件，先用急救箱处理，严重者送医院医治。

6.3　发生触电事件后，迅速使伤者脱离电源，就地采取解救措施，及时联系医疗急救人员接替救治。

6.4　当设备发生异常时应立即停止工作，待查明原因后方可继续。

项目二　电压互感器绕组极性测试

1　项目简介

使用直流法试验电压互感器的极性。

2　操作前准备

2.1　准备相关操作工具。主要包括一节 1.5 ~3V 干电池、一块直流毫伏表、4 根测试导线、8 个鳄鱼夹。

2.2　穿戴合格、齐备的劳动防护用品，主要包括纯棉长袖工作服、绝缘鞋、安全帽。

2.3　了解现场主接线方式、停电范围等。

2.4　检查安全措施是否正确，是否符合现场实际条件，确认履行安全措施后方可开始工作，并设专人监护。

3　操作步骤

3.1　将 1.5 ~3V 干电池、开关与单相电压互感器的一次绕组串联。干电池的正极接一次侧的 A 端，即高压绕组首端。干电池的负极接一次侧的 X 端，即高压绕组尾端。

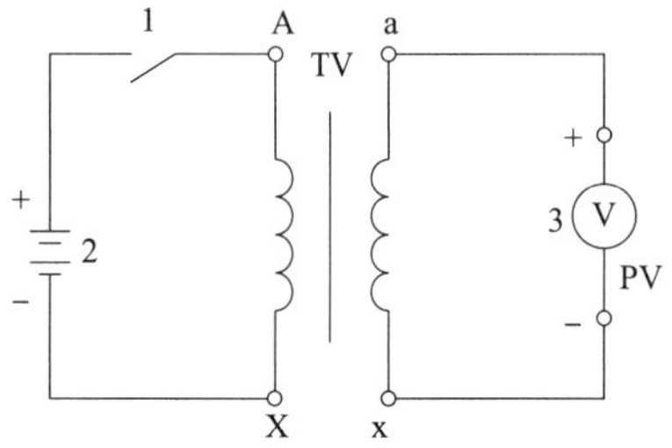

图 5 -7　直流法试验电压互感器极性的接线图

3.2　毫伏表与单相电压互感器二次侧并联。毫伏表的正极接电压互感器二次侧的 a 端，即低压绕组首端。毫伏表的负极接电压互感器二次侧的 x 端，即低压绕组尾端。如图 5 -7 所示。

3.3　当开关合闸的瞬间，毫伏表的指针从零往正向偏转，而断开开关的瞬间毫伏表的指针往负向偏转，表明电压互感器为减极性。

3.4　当开关合闸的瞬间，毫伏表的指针从零往负向偏转，而断开开关的瞬间毫伏表的指针往正向偏转，表明电压互感器为加极性。

4　操作要点

当测试电压互感器为加极性时，则应对换二次端子接线，改为减极性。

5　安全注意事项

电压互感器的极性表明它的一次绕组和二次绕组在同一瞬间的感应电动势方向是相同还是相反，相同则是减极性，相反则是加极性。

6　应急事件预防及处置

6.1　发生人身伤害事件时，先用急救箱处理伤处，严重者送医院医治。

6.2　高温作业，应有防中暑措施。若发生中暑事件，先用急救箱处理，严重者送医院医治。

6.3　发生触电事件后，迅速使伤者脱离电源，就地采取解救措施，及时联系医疗急救人员接替救治。

6.4　当设备发生异常时应立即停止工作，待查明原因后方可继续。

项目三 电压互感器现场检验原始记录填写

1 项目简介

现场检验工作结束后，由检验单位填写电压互感器现场检验原始记录，出具检验结论，根据需要出具检验报告。

2 操作前准备

准备电压互感器现场检验原始记录，如图 5－8 所示。

电压互感器现场检验原始记录

厂站名称：____________ 报告编号：____________ 报告日期：____________

线路名称：____________ 生产厂家：____________ 型　号：____________

出厂编号：A ________ B________ C ________ 准确度等级：a_1，x_1____ a_2，x_2____

额定变比：______ 额定频率：______ 导线截面：______ 导线长度：________

湿度：__________ 温度：__________ 接线方式：________________

核验设备：名称______________ 型号____________ 编号 ____________

相别	序号	U_p/U_a	80	100	110	二次负荷			
						a1,x1		a2,x2	
						容量/VA	cosΦ	容量/VA	cosΦ
A	1	f/%							
		δ/(′)							
	2	f/%							
		δ/(′)							
	3	f/%							
		δ/(′)							
	4	f/%							
		δ/(′)							
B	1	f/%							
		δ/(′)							
	2	f/%							
		δ/(′)							
	3	f/%							
		δ/(′)							
	4	f/%							
		δ/(′)							
C	1	f/%							
		δ/(′)							
	2	f/%							
		δ/(′)							
	3	f/%							
		δ/(′)							
	4	f/%							
		δ/(′)							
合成		Y/%							

检验人员：　　　　核验人员：　　　　检验日期：

图 5－8 电压互感器现场检验原始记录

3 操作步骤

3.1 抄录电压互感器铭牌参数。

3.2 填写用户档案及检验设备信息。

3.3 将电压互感器现场检定装置测得的误差数据对应填入电压互感器现场检验原始记录。

4 操作要点

4.1 测试数据人工采集，数据来源应真实，处理正确，记录格式应规范、信息齐全。

4.2 当在记录中出现错误时，对每一错误应划改，不可擦掉或涂掉，以免字迹模糊或消失，并将正确值填写在其旁边。对记录的所有改动应有改动人的签名或签名缩写。对电子存储的记录也应采取同等措施，以避免原始数据的丢失或未经授权的改动。

4.3 原始记录必须是产生当时的记录，不能事后追记或补记，也不能以重新抄过的记录代替原始记录。

模块四　电能计量装置二次回路检测

项目一　电压二次回路压降测量

1　项目简介

电压互感器二次回路电缆的电阻、刀闸和接点电阻等造成的相对于电压互感器二次端子与接入电能表对应端子之间的电压差，它是一个交流向量。按照《电能计量装置现场检验规程》(DL/T 1664—2016)要求，电能计量装置中电压互感器二次回路压降应不大于其额定二次电压的0.2%。一般采用压降测试仪进行电压互感器二次回路压降的现场测量。

2　操作前准备

2.1　检查测试导线绝缘：使用500V绝缘电阻表(或万用表高电阻挡)检查所有测试导线芯间、芯与屏蔽层间绝缘是否良好。

2.2　检查鳄鱼嘴夹绝缘：检查接线用的鳄鱼嘴夹绝缘护套是否完好。

2.3　检查测试导线接头接触可靠，有明显的极性和相别标志。

2.4　穿戴合格、齐备的劳动防护用品，主要包括纯棉长袖工作服、绝缘鞋、安全帽。

3　操作步骤

3.1　二次压降测试仪自校。按照图5－9、图5－10将测试导线连接在电压二次回路电压端子上，开机，选择自校功能，再选择接线方式，确认后仪器开始自校，自校完成后点击保存。

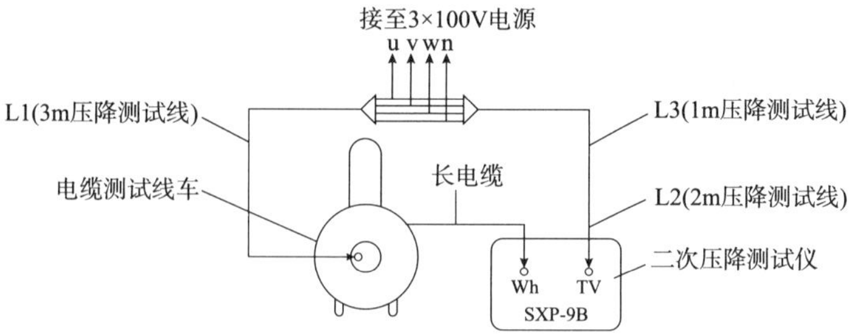

图5－9　测试仪始端自校接线示意图

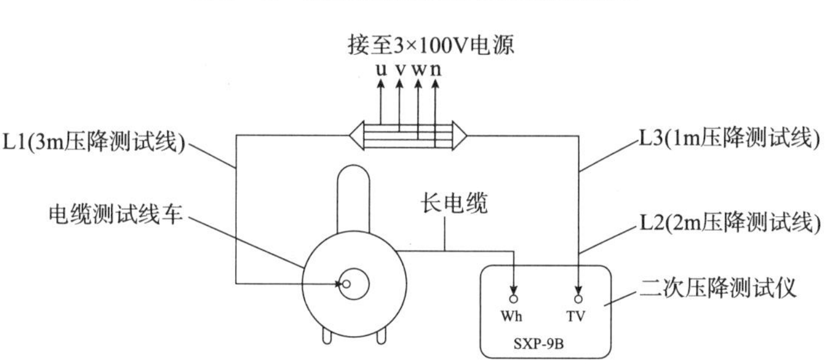

图5－10　测试仪末端自校接线示意图

3.2　按照自校时的接线方式，将辅助电缆和测试短线连接在电压互感器出口侧和电能表端子侧。如图 5－11～图 5－13 所示。

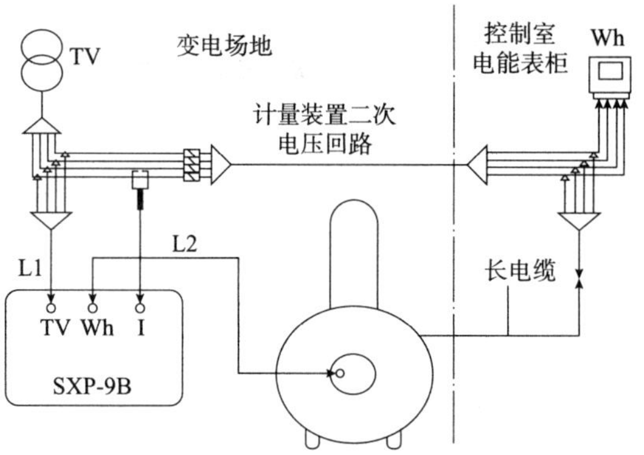

图 5－11　始端方式现场测量接线图(适合测二次压降、二次负荷)

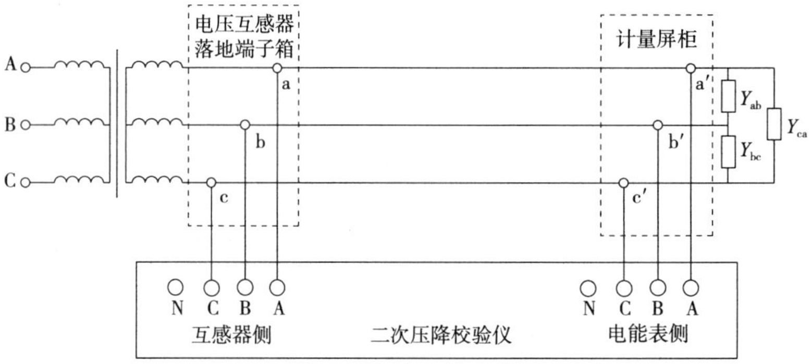

图 5－12　三相三线计量方式下二次回路压降现场检验接线图(测差法)

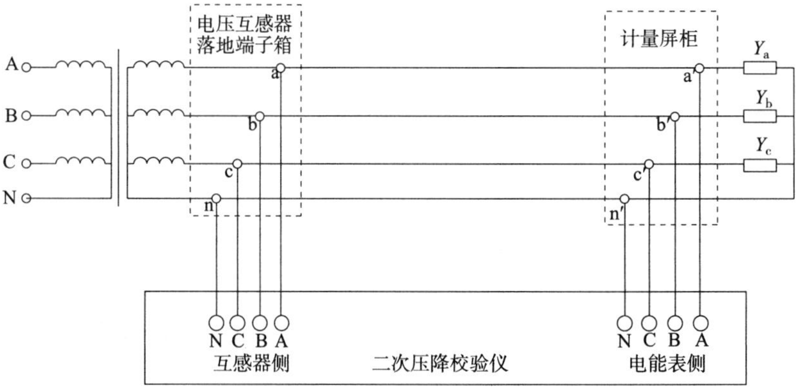

图 5－13　三相四线计量方式下二次回路压降现场检验接线图(测差法)

3.3　检查接线无误后，开启测试仪电源开关，按任意键进入主菜单，选择压降测试菜单，进入后选择测试方式(有 TV 侧和表计侧)，选择方法是将光标移动到要选择的内容，按“确定”键后再下拉列表中按上下键移动光标，按“确定”键选择。

3.4　光标移动到“确定”上，按“确定”键进入压降测试选择菜单，选三相四线或三相三线自动测试。

3.5　进入后仪器将进行测试，测试完成后，输入用户编号。如需储存，将光标移动到存储菜单上，按“确定”键即可。

3.6　如需重测，将光标移动到存储菜单，按“确定”键即可。

3.7　检查仪器测试数据并记录或保存。

3.7.1　试验数据应按规定的格式和要求做好原始记录。

3.7.2　原始记录填写应用签字笔或钢笔书写，不得任意修改。

3.7.3　现场测试误差原始记录应妥善保管。

3.7.4　电压互感器二次回路导线压降超差，应在原始记录上说明原因。判断电压互感器二次回路电压降误差是否超过表5-8中给出的误差限值，应以修约后的数据为准，误差的修约按表5-9进行。

表5-8　电压互感器基本误差限值

准确度级别	误差项	电压百分数/%
		80~120
0.1	比值差(±)/%	0.1
	相位差(±)/(′)	5
0.2	比值差(±)/%	0.2
	相位差(±)/(′)	10
0.5	比值差(±)/%	0.5
	相位差(±)/(′)	20

表5-9　电压互感器误差数据修约间隔

准确度级别		0.1	0.2	0.5
修约间隔	比值差(±)/%	0.1	0.02	0.05
	相位差(±)/(′)	5	1	2

3.8　关机，拆除测试线。恢复电能计量装置封印，办理工作终结手续。

4　操作要点

4.1　二次压降测试仪开机后，会自动校对TV、电能表两侧接入电压的一致性，当出现错相报警时，应关闭仪器电源，仔细检查两侧的对应关系，将其更正后，重新开机。必要时，可根据连接方式进入自校界面，完成仪器自校程序。

4.2　以上为电压互感器带电工作时二次回路压降的测试方法，当互感器停电时可以解开电压互感器二次端子接线，互感器二次回路与本体隔离开后，在二次回路侧接入二次压降测试仪，选择正确的接线方式，对其二次回路及连接的电能表升电压测试，当压降测试仪显示的工作电压值升至额定值，可采用以上步骤进行测试。

5　安全注意事项

5.1　由于测试是在设备带电情况下运行，因此操作人员必须严格遵守《电力安全工作规程》进行测试，以避免发生人身伤害及可能造成的电网及设备事件。

5.2　测试线与二次压降测试仪之间的连接件应按照特定方向插入并锁紧，TV、电能表侧采用带绝缘护套的鳄鱼嘴夹，夹入时应确保夹接可靠，还应将连接鳄鱼嘴夹的电缆做临时悬挂固定，防止鳄鱼嘴夹受力脱落造成安全事件。

5.3　测试导线空余的芯线接头作绝缘处理，防止造成短路或接地故障，引起安全事件或测量不准确。

5.4　完成现场测试后，应由工作负责人检查，确认无误后方可撤离现场。

6　应急事件预防及处置

6.1　发生人身伤害事件时，先用急救箱处理伤处，严重者送医院医治。

6.2　高温作业，应有防中暑措施。若发生中暑事件，先用急救箱处理，严重者送医院医治。

6.3　发生触电事件后，迅速使伤者脱离电源，就地采取解救措施，及时联系医疗急救人员接替救治。

6.4　当设备发生异常时应立即停止工作，待查明原因后方可继续。

项目二　互感器二次实际负荷测量

1　项目简介

电压互感器二次实际负荷就是电压互感器在实际运行中，二次所接设备以及二次电缆间及其与地线间电容组成的总导纳。电流互感器二次实际负荷就是电流互感器在实际运行中，二次所接设备的阻抗、二次电缆和接点电阻的总有效阻抗。一般采用二次负荷测试仪进行互感器二次实际负荷的现场测量。

2　操作前准备

2.1　准备测试设备、工器具，主要包括互感器二次负荷测试仪、二次导线、万用表、绝缘手套及螺丝刀、尖嘴钳等。

2.2　使用500V绝缘电阻表(或万用表高电阻挡)检查所有测试导线芯间、芯与屏蔽层间绝缘是否良好。

2.3　检查接线用的鳄鱼嘴夹绝缘护套是否完好，各接线头与导线接触是否牢固完好。

2.4　穿戴合格、齐备的劳动防护用品，主要包括纯棉长袖工作服、绝缘鞋、安全帽。

3　操作步骤

3.1　电压互感器二次负荷测试(仪器操作见单元一“压降测试仪”)。

3.1.1　三相三线制电压互感器二次负荷测试。

打开二次负荷测试仪，进入主菜单，选择“三线PT负荷测试”功能后，进入测试过程。接线图如图5-14所示。

3.1.2　三相四线制电压互感器二次负荷测试。

打开二次负荷测试仪，进入主菜单，选择“四线PT负荷测试”功能后，进入测试过程。接线图如图5-15所示。

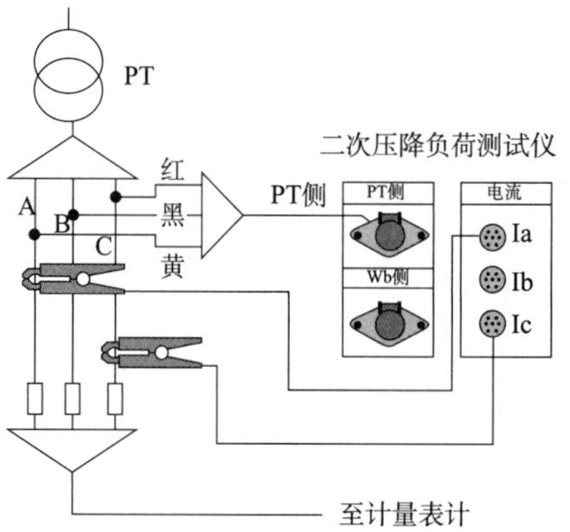

图5-14　三线电压互感器负荷测试接线图

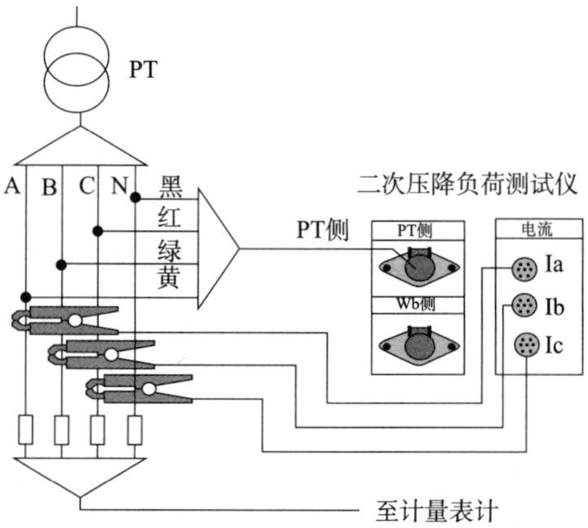

图5-15　四线电压互感器负荷测试接线图

3.2　电流互感器二次负荷测试。

打开二次负荷测试仪，进入主菜单，选择“单相 CT 负荷测试”功能后，进入测试过程。接线图如图 5－16 所示。

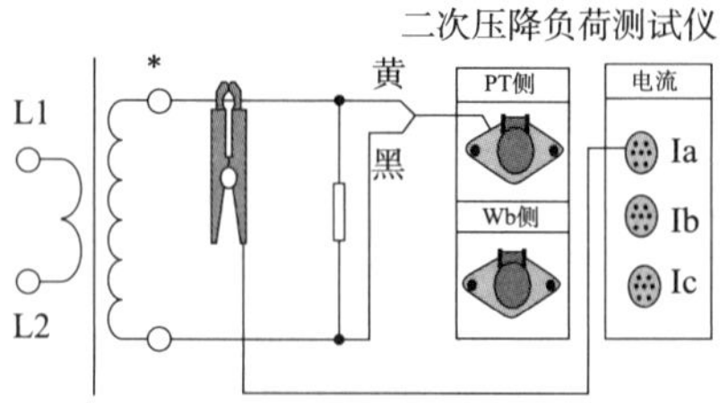

图 5－16　电流互感器负荷测试接线图

3.3　将测试结果打印出来，测试完成。

4　操作要点

4.1　二次负荷测试接线时注意钳形电流表的钳口方向。

4.2　测试要在电流互感器的出口处进行，带电测试接线时注意采集二次电压的鳄鱼嘴夹应尽量接在靠近互感器侧。

5　安全注意事项

5.1　由于二次回路负荷的测试，一般均在设备运行情况下，现场带电操作，因此操作人员必须严格遵守《油田企业电力安全工作规程》，以避免发生人身伤害及可能造成电网及设备事件。

5.2　测试线与二次压降测试仪之间的连接件应按照特定方向插入并锁紧，电压互感器、电能表侧采用带绝缘护套的鳄鱼嘴夹，夹入时应确保夹接可靠，还应将连接鳄鱼嘴夹的电缆做临时悬挂固定，防止鳄鱼嘴夹受力脱落造成安全事件。

5.3　测试导线空余的芯线接头要作绝缘处理，防止造成短路或接地故障，引起安全事件或测量不准确。

5.4　严禁在电流互感器与短路端子间的回路和导线上进行任何操作。

5.5　完成现场测试后应由工作负责人检查，确认无误后方可撤离现场。

6　应急事件预防及处置

6.1　发生人身伤害事件时，先用急救箱处理伤处，严重者送医院医治。

6.2　高温作业，应有防中暑措施。若发生中暑事件，先用急救箱处理，严重者送医院医治。

6.3　发生触电事件时，迅速使伤者脱离电源，就地采取解救措施，及时联系医疗急救人员接替救治。

6.4　当设备发生异常时应立即停止工作，待查明原因后方可继续。

单元六　电能数据采集

模块一　电能数据人工抄录

项目一　单相复费率电能表数据抄录

1　项目简介

在电能表运行现场通过人工获得单相复费率电能表抄表数据。

2　操作前准备

2.1　穿戴合格、齐备的劳动防护用品，主要包括纯棉长袖工作服、绝缘鞋、安全帽。

2.2　准备抄表用具，主要包括抄表卡、笔或抄表器(掌上电脑)等。

3　操作步骤

3.1　制定抄表路线。按照各电力用户抄表的日期、时间顺序进行有计划的安排，制定抄表路线，提高抄表人员的工作效率。

3.2　准备抄表工具。准备统一要求的记录电力用户每月用电数值的卡片，这也是电能表真实记录的用以核算电费的原始凭证。抄表卡片的项目要齐全，包括：电力用户名称、地址、电费账号、变压器容量和型号、用电性质(类别)、电能表及互感器的型号、变比、倍率、技术规范、制造厂编号、供电企业编号以及表底数(包括峰、平谷各时段)、最大需量指示数、执行功率因数标准、执行电价等。居民用电的抄表卡片项目较为简单，应与工、商业的抄表卡片分开使用。

3.3　联系电力用户。抄表前核对电力用户相关情况，如地址、街道门牌号码、表位、抄表路线以及生产和用电情况，与电力用户相关人员联系共同抄录，以免事后争执。

3.4　现场抄表。抄表员可以通过电能表的自然轮显或按抄表按钮，找到需要抄读的电能表数据，用笔逐项记录在抄表卡片上，也可通过红外遥控抄表器或掌上电脑完成抄录。

3.5　抄表完毕。将电能表的指示数值与往常月份的数值进行比对，如发现不正常时，应了解电力用户用电负荷是否变化，并进行核对。无功电量不正常时，要了解电力用户补偿电容器的投运情况。

4　操作要点

4.1　在抄表之前，应仔细检查电能计量装置的运行情况，如电能表、互感器及其线路是否正常，是否有窃电情况。

4.2　抄表卡片的内容变动时，如户名变更、变压器容量变动、电能表轮换、互感器换变比等，都必须以工作票为依据，任何人无权擅自改变抄表卡片的内容。抄表卡片依据新上、增容、扩建电力用户的报装工作票建立。抄表卡片使用期满需要全部更换时，一般在上年末抄表卡片已使用完毕，下年工作尚未开始时进行。新换的抄表卡片必须严格审核其中各项内容，防止漏登、错登，每张卡片的登记人和审核人应签名盖章以负责任并表示有效。

4.3　抄表时精力要集中，看清数码，分清整数与小数。往抄表卡上填写时，要写对表格位置，数字不得抄错，不得漏项，保证抄表质量。

5　安全注意事项

5.1　如需打开计量箱(柜)抄表时，应使用低压验电器检查是否存在漏电情况。

5.2　抄表过程中，应注意保持身体尤其是头部与带电部位的安全距离。

6　应急事件预防及处置

6.1　发生人身伤害事件时，先用急救箱处理伤处，严重者送医院医治。

6.2　高温作业，应有防中暑措施。若发生中暑事件，先用急救箱处理，严重者送医院医治。

6.3　发生触电事件时，迅速使伤者脱离电源，就地采取解救措施，及时联系医疗急救人员接替救治。

6.4　当设备发生异常时应立即停止工作，待查明原因后方可继续。

项目二　多功能电能表数据抄录

1　项目简介

电能表运行现场人工抄读多功能电能表数据。

2　操作前准备

2.1　穿戴合格、齐备的劳动防护用品，主要包括纯棉长袖工作服、绝缘鞋、安全帽。

2.2　准备抄表用具，主要包括抄表卡、笔或抄表器(掌上电脑)等。

3　操作步骤

3.1　制定抄表路线。按照各电力用户抄表的日期、时间顺序进行有计划的安排，制定抄表路线，提高抄表人员的工作效率。

3.2　准备抄表工具。准备统一要求的记录电力用户每月用电数值的卡片。

3.3　联系电力用户。抄表前核对电力用户相关情况，如地址、街道门牌号码、表位、抄表路线以及生产和用电情况，与电力用户相关人员联系共同抄录，以免事后争执。

3.4　现场检查及简单故障处理。

3.4.1　通过电能表显示功能检查电能表运行状态(以威胜集团有限公司多功能电能表为例)。多功能电能表液晶屏显示符号及意义见表6－1。

表6－1　多功能电能表液晶屏显示符号及意义

项目	液晶屏显示内容	含义说明
电量	8.8.8.8.8.8.8.8.8.8	数据显示行，显示各种记录数据。显示电能数据时，小数位数为2，将显示6位整数，2位小数；小数位数为3，将显示5位整数，3位小数。每屏显示1个时段的电能

续表

项目	液晶屏显示内容	含义说明
四象限	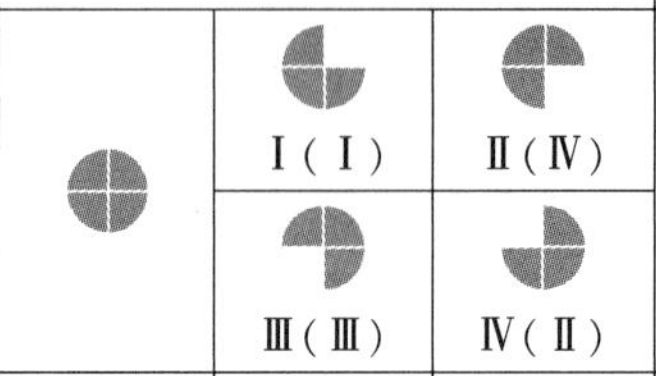	采用缺口方式指示电表工作在第几象限。左图分别为电表当前在Ⅰ、Ⅱ、Ⅲ、Ⅳ象限的显示图例(以顺时针方向为例)。括号内表示逆时针时的四个象限。模式字 4 的 b7 决定象限(Ⅰ、Ⅱ、Ⅲ、Ⅳ)旋转方向(b7 =1:逆时针,b7 =0:顺时针)
无功组合方式	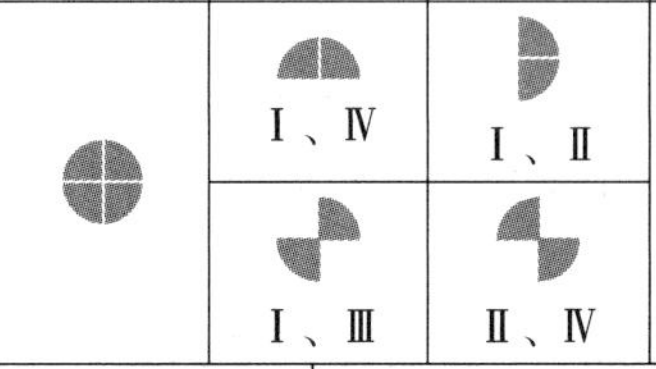	以顺时针为例: 无功组合方式指示,显示组合无功电能时,相应象限组合闪烁。左图分别为Ⅰ、Ⅳ,Ⅰ、Ⅱ,Ⅰ、Ⅲ,Ⅳ、Ⅱ象限组合无功的显示图例
历史月电能	上08	"上 1 - 13"月数据
费率显示	总T8	电能数据费率提示符,总电能显示时用"总"字提示,其他用代码T8的组合
	尖峰平谷	4 费率显示提示符,当费率数≤4 时,当前费率提示为"尖、峰、平、谷"汉字
主副时段提示	①②③④	①表示使用主时段表,②表示使用副时段表,③④预留,暂未启用
计量单位	kWArHz	有功:kWh,无功:kvarh,频率:Hz
预留	错峰	预留,暂未启用
通信状态提示	红外	红外通信时显示
	RS1、RS2	第 1 路 RS - 485 通信,第 2 路 RS - 485 通信时显示
逆相序	逆相序	逆相序提示符,当发生逆相序时闪烁显示
电池容量报警		当液晶出现:标识 1 的为停电抄表电池低容量报警;标识 2 的为时钟电池低容量报警;标识 3 暂未用
各相电压提示	Ua Ub Uc	电压正常时常显在液晶屏上;过压时闪烁;失压、断相时消失。具体是发生了断相还是失压情况,要查看电表自检及电网故障信息(C 套显示方案的 070080 项,也可以设置成 A、B 套显示方案里的相应用户代码项)。
各相电流提示	Ia Ib Ic	电流正常时常显在液晶屏上;电流反向时闪烁,并显示"—"提示反向(只有在本相电流大于 1‰In 且电压大于 10V 时才会显示);失流时 Ia、Ib、Ic 对应相别消失(全失流时全部消失)
预留		暂未启用
编程许可		此图出现时表示已进入编程许可状态,240min 以后或再按一下编程键,""会消失
需量复位成功提示		手动按键清需量时,先按住 4# 键大于 5s 后,屏幕上出现"卄",松开 4# 键,液晶屏出现""表示需量复位成功。在 1 个需量周期内只允许 1 次手动清最大需量
报警		报警提示符,有事件时闪烁
预留		实验室状态提示符,预留,暂未启用
密码锁定		对电表编程时,若密码连续出错次数≥5 次后,LCD 显示""提示符

续表

项目	液晶屏显示内容	含义说明
按键		任何按键按下时间大于5s后显示
当前率		当费率数大于4时，液晶屏左下角的符号显示相应的当前费率，如
数据代码		在液晶屏的右下方，通常只显示6位。各种组合代表不同的含义，如全为000000表示当前正向(输入)有功总电量，070080项则为电表自检及电网故障信息
历史电量	上月、上上月 上1月、上2月	显示成“上月、上上月”还是“上1月、上2月”由模式字4的b5决定
电量的方向	输入/输出 正/反向	电量的方向是显示成“输入/输出”还是“正/反向”由模式字4的b4决定

3.4.2　电网故障信息的显示与抄读。

上电后，电表一直进行自检，自检信息可以通过通信抄读（DL/T645协议数据标识：C129），也可以在液晶屏上显示。通信抄读和LCD显示的表现形式不一样。通过DL/T645规约抄读(数据标识C129)时返回2个字节的16进制数，每个位号表示的意义如表6－2所示。

表6－2　多功能电能表通信抄读数据标识

位号	含义
Bit 15	时钟故障
Bit 14	0
Bit 13	0
Bit 12	0
Bit 11	超有功需量
Bit 10	0
Bit 9	断相
Bit 8	0
Bit 7	失流(不包括全失流)
Bit 6	过压
Bit 5	失压
Bit 4	电压逆相序
Bit 3	停电抄表电池欠压
Bit 2	时钟电池欠压
Bit 1	内卡数据错
Bit 0	内卡故障

液晶屏显示的每个位号表示的意义如表6－3所示。

表 6－3　多功能电能表液晶屏显示数据标识

位号	含义	对应电表 070080 项的显示(从左到右)
Bit 7	断相	10000000
Bit 6	0	
Bit 5	超有功需量	00100000
Bit 4	时钟故障	00010000
Bit 3	0	
Bit 2	0	
Bit 1	内卡数据错	00000010
Bit 0	内卡故障	00000001

例如：电表的 070080 项显示：10010000，电表显示内容从左到右对应表内的 Bit 7 至 Bit 0，其含义为：发生了断相和时钟故障。

3.4.3　简单故障处理见表 6－4。

表 6－4　多功能电能表简单故障处理措施表

故障现象	原因	处理
无显示	无电源供电	1. 用万用表查看线路是否有电压(建议在电表电压端子排上测量)； 2. 电表的电压是否按电表面板上所标定的额定电压接入
不计量或电量少计	计量电路工作不正常	1. 接入电压是否正常，电流接线是否符合要求(某一相或二相电流进出线接反)； 2. 有条件的用户可用现场校验仪对电表精度进行检测； 3. 通过估算用户电器的用电负荷，并对照电表显示的功率相比较，如相差不大，电表计量应该没什么问题； 4. 接线盒或计量柜内的端子排上电流短接线是否取下(此现象在新装表或更换电表后出现)
辅助端子功率 脉冲测量不到	接线不正确无外接电源	1. 如果铭牌上功率脉冲灯闪烁，可检查测试线接线是否正确； 2. 我公司电表脉冲输出方式多为空接点输出，必须加外接电源(5V－24V) DC，电压不能高于此值。可用万用表检查是否达到要求
在进行抄读时 RS－485 通信不成功	硬件不正常或参数 管理软件设置不正确	1. 先检查通信硬件是否正常：通信软件在发命令时用万用表的 10V 直流挡在 RS－485A 与 B 之间测量应有跳变的电压； 2. 通信线接线是否正确，可用万用表 10V 直流挡检查 RS－485 口，高电位应接 A 端，低电位接 B 端； 3. 检查规约是否正确，表与软件的通信规约应一致； 4. 参数管理系统内的端口选择与所插硬件的端口是否为同一个端口。端口设置是否正确：停止位 1，数据位 8，偶校验，通信波特率是否与表内一致
参数设置不成功	硬件不正常或 没有相应的权限	1. 先参照上点查找原因； 2. 权限密码是否正确，编程按键是否按下； 3. 是否有相应的权限控制字，可在电表上的显示代码 080060－－080065 中查看

3.5 现场抄表。抄表员可以通过电能表的自然轮显或按抄表按钮，找到需要抄读的电能表数据，用笔逐项记录在抄表卡片上，也可通过抄表器或遥控器抄录。

3.5.1 通过显示功能抄表。

通过循环显示、按键上下翻屏、遥控器翻屏或点显，从 LCD 显示抄读电表数据。

多功能电能表显示代码编码规则见表 6－5。

表 6－5 多功能电能表显示代码编码规则表

内容	888888（在液晶屏的右下角）					
	第 1 位	第 2 位	第 3 位	第 4 位	第 5 位	第 6 位
0		电量	当前	三相总	正向（输入）有功	总
1		需量	上 1 月	A 相	组合无功 1	尖（费率 1）
2		需量时间	上 2 月	B 相	反向（输出）有功	峰（费率 2）
3		功率	上 3 月	C 相	组合无功 2	平（费率 3）
4		电压	上 4 月	AB	无功（Ⅰ）	谷（费率 4）
5		电流	上 5 月	BC	无功（Ⅱ）	（费率 5）
6		功率因数	上 6 月	AC	无功（Ⅲ）	（费率 6）
7		其他	上 7 月	ABC	无功（Ⅳ）	（费率 7）
8		参数	上 8 月		视在功率	（费率 8）
9		时段	上 9 月			
A			上 10 月			
B			上 11 月			
C			上 12 月			
D			上 13 月			

3.5.2 通过通信功能抄表。

通过第 1 个 RS－485、第 2 个 RS－485 和光通信口，用终端或手抄器抄读电表数据。

3.5.3 停电抄表。

装有停电抄表电池的电表进入睡眠状态后，可以通过以下几种方式唤醒：

（1）电表的 1#或 3#号键唤醒；

（2）通过手抄器唤醒；

（3）通过遥控器唤醒。

手抄器或遥控器对准电表的远红外窗口，距离不大于 50cm。唤醒以后，可以通过循环显示、按键翻屏、手抄器抄表。

3.6 抄表完毕。将电能表的指示数值与往常月份的数值进行比对，如发现不正常时，应了解电力用户用电负荷是否变化。无功电量不正常时，要了解电力用户补偿电容器的投运情况。

4 操作要点

4.1 在抄表之前，应仔细检查电能计量装置的运行情况，如电能表、互感器及其线路是否正常，是否有窃电情况。

4.2 上电后，电表先全屏显示，然后进入 A 套显示方案循环显示。

电表一共有3套显示方案：A套为常用显示项目方案(用户可以自定义)，最多60屏，可以循环显示，也可以按键上下翻屏，还可以通过配备或指定的遥控器上下翻屏或点显(直接输入用户显示代码)。B套显示方案(用户可以自定义)最多150屏，可以按键上下翻屏，也可以通过遥控器上下翻屏或点显。C套为全项目显示方案，可以通过按键或遥控器输入威胜显示代码。

A套和B套通过按键翻屏时，按1#键显示循环显示代码表中的下一项内容、3#键显示循环显示代码表中的上一项内容。

C套只能通过按键或遥控器输入显示代码显示。在A套或B套显示时，按2#按钮，电表进入C套显示状态，此时最后一行显示“0000000”，其中代码的第2位(从左到右)0在不停地闪烁，表示光标所在位置。按2#按钮向右移动游标，按1#按钮递增改变游标位数字，按3#按钮递减改变游标位数字。

A套、B套、C套显示方案切换路径和条件如图6－1所示。

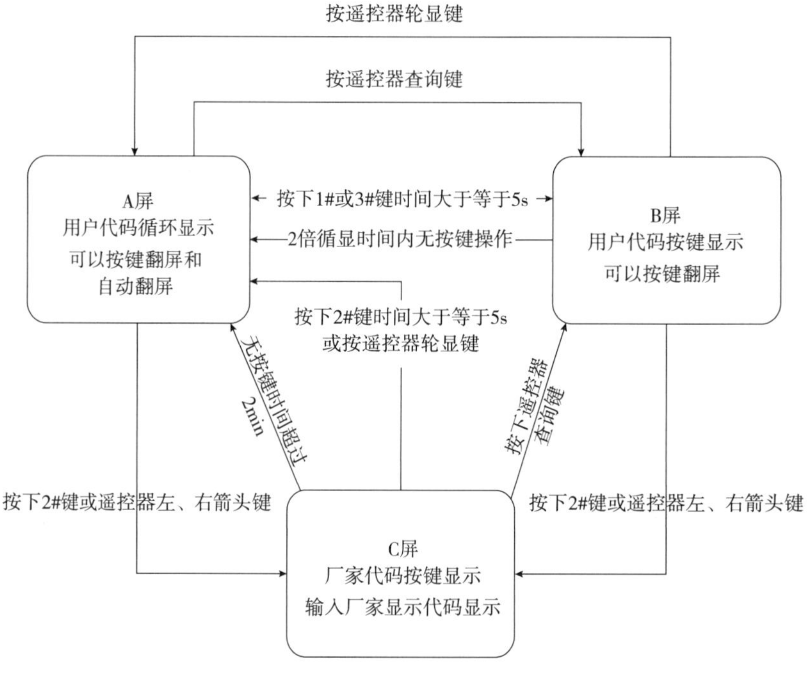

图6－1　多功能电能表显示方案切换路径及条件图

4.3　抄表卡片的内容变动时，如户名变更、变压器容量变动、电能表轮换、互感器换变比等，都必须以工作票为依据，任何人无权擅自改变抄表卡片的内容。抄表卡片依据新上、增容、扩建电力用户的报装工作票建立。抄表卡片使用期满需要全部更换时，一般在上年末抄表卡片已使用完毕，下年工作尚未开始时进行。新换的抄表卡片必须严格审核其中各项内容，防止漏登、错登，每张卡片的登记人和审核人应签名盖章以负责任并表示有效。

4.4　抄表时精力要集中，看清数码，分清整数与小数。往抄表卡上填写时，要写对表格位置，数字不得抄错，不得漏项，保证抄表质量。

5　安全注意事项

5.1　如需打开计量箱(柜)抄表时，应先使用低压验电器检查是否存在漏电情况。

5.2　抄表过程中，应注意保持身体尤其是头部与带电部位的安全距离。

6　**应急事件预防及处置**

6.1　发生人身伤害事件时，先用急救箱处理伤处，严重者送医院医治。

6.2　高温作业，应有防中暑措施。若发生中暑事件，先用急救箱处理，严重者送医院医治。

6.3　发生触电事件时，迅速使伤者脱离电源，就地采取解救措施，及时联系医疗急救人员接替救治。

6.4　当设备发生异常时应立即停止工作，待查明原因后方可继续。

项目三　智能电能表数据抄录

1　**项目简介**

在电能表运行现场人工抄读智能电能表数据。

2　**操作前准备**

2.1　穿戴合格、齐备的劳动防护用品，主要包括纯棉长袖工作服、绝缘鞋、安全帽。

2.2　准备抄表用具，主要包括抄表卡、笔或抄表器(掌上电脑)等。

3　**操作步骤**

3.1　制定抄表路线。按照各电力用户抄表的日期、时间顺序进行有计划的安排，制定抄表路线，提高抄表人员的工作效率。

3.2　准备抄表工具。准备统一要求的记录电力用户每月用电数值的卡片。

3.3　联系电力用户。抄表前核对电力用户相关情况，如地址、街道门牌号码、表位、抄表路线以及生产和用电情况，与电力用户相关人员联系共同抄录，以免事后争执。

3.4　现场检查及简单故障处理。

3.4.1　通过电能表显示功能(表6－6)检查电能表运行状态(以威胜集团有限公司智能电能表为例)。

表6－6　智能电能表液晶屏显示符号及意义

项目	液晶上显示内容	含义说明
电能		数据显示行，显示各种记录数据。显示电能数据时，若小数位数为0，将显示6位整数，0位小数；小数位数为1时，将显示6位整数，1位小数。若小数位数为2，将显示6位整数，2位小数；小数位数为3时，将显示5位整数，3位小数。每屏显示1个时段的电能
四象限	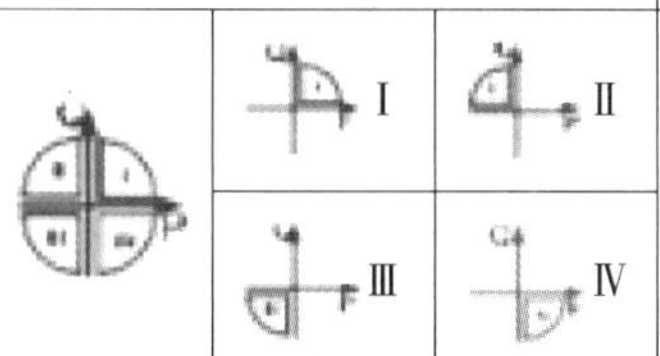	指示电表工作在第几象限。如左图所示分别为电表工作在Ⅰ、Ⅱ、Ⅲ、Ⅳ象限
无功组合方式(注)	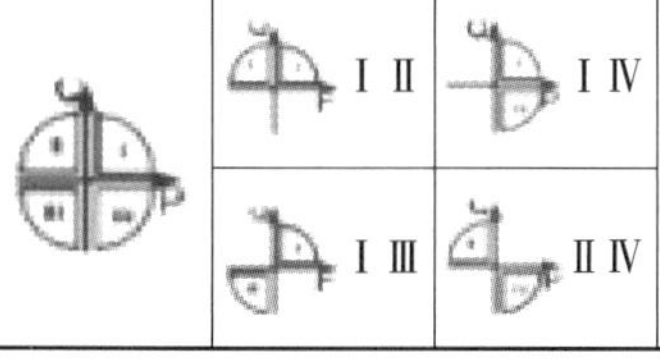	无功组合方式指示，显示组合无功电能时，相应象限组合闪烁。左图分别为Ⅰ、Ⅱ，Ⅰ、Ⅳ，Ⅰ、Ⅲ，Ⅱ、Ⅳ象限组合无功的显示图例

续表

项目	液晶上显示内容	含义说明
历史月电能	上18	查看历史数据时显示“上1～12”月数据
功率因数	cosΦ	功率因数提示符，单独显示“Φ”时为相角提示符
费率显示主副时段或第1、2套费率提示	总	电能数据费率提示符，总电能显示时用“总”字提示
	尖峰平谷 ① ②	当前费率提示为“尖峰平谷” ①②代表主、副时段或第1、2套费率电价
计量单位	kWh、kvarh	有功：kWh，无功：kvarh
通信状态提示		红外通信标志，如果同时显示“1”表示第一路RS485通信显示“2”表示第二路RS485通信
逆相序	逆相序	逆相序提示符，当发生逆相序时闪烁显示
电池容量报警		标识为时钟电池低容量报警 标识为停电抄表电池低容量报警
各相电压提示	Ua U_b U_c	Ua、U_b、Uc分别对于A、B、C相电压，某相失压时，相对应的字符闪烁；三相都处于分相失压状态或全失压时，Ua、Ub、Uc同时闪烁；断相时对应相的字符不显示；掉电时Ua、U_b、Uc均不显示。三相三线表不显示U_b
各相电流提示	I_a I_b I_c	Ia、Ib、Ic分别对于A、B、C相电流。某相失流时，该相对应的字符闪烁；某相断流或断相时不显示，当失流和断流或断相同时存在时，优先显示失流状态；掉电时Ia、I_b、Ic均不显示。某相功率反向时，显示该相对应符号前的“－”
红外认证有效指示		红外认证有效指示
报警		报警提示符，有事件时闪烁
显示代码		在液晶屏的左下方。上排显示轮显/键显数据对应的数据标识，下排显示轮显/键显数据在对应数据标识的组成序号，具体参见《多功能电能表通信协议》(DL/T 645—2007)
电能的方向	反正向	电能的方向显示提示显示成“正向”或“反向”

3.4.2　简单故障处理，见表6－7。

表6－7　智能电能表简单故障处理措施表

故障现象	原因	处理
无显示	无电源供电	1. 用万用表查看线路是否有电压(建议在电表电压端子排上测量)； 2. 电表的电压是否按电表面板上所标定的额定电压接入

续表

故障现象	原因	处理
不计量或电能少计	计量电路工作不正常	1. 接入电压是否正常，电流接线是否符合要求（某一相或二相电流进出线是否接反）； 2. 有条件的用户可用现场校验仪对电表精度进行检测； 3. 通过估算用户电器的用电负荷，并对照电表显示的功率相比较，如相差不大，电表计量工作正常； 4. 接线盒或计量柜内的端子排上电流短接线是否取下（此现象在新装表或更换电表后出现）
辅助端子功率脉冲测量不到	接线不正确 无外接电源	1. 如果铭牌上功率脉冲灯闪烁，可检查测试线接线是否正确； 2. 我公司电表脉冲输出方式多为空接点输出，必须加外接电源（5V－24V）DC，电压不能高于此值，可用万用表检查是否达到要求
在进行抄读时RS485通信不成功	硬件不正常或参数管理软件设置不正确	1. 先检查通信硬件是否正常：通信软件在发命令时用万用表的10V直流挡在RS485 A与B之间测量应有跳变的电压； 2. 通信线接线是否正确，可用万用表10V直流挡检查RS485口，高电位应接A端，低电位接B端； 3. 检查规约是否正确，表与软件的通信规约应一致； 4. 参数管理系统内的端口选择与所插硬件的端口是否为同一个端口，端口设置是否正确：停止位1，数据位8，偶校验，通信波特率是否与表内一致
参数设置不成功	硬件不正常或没有相应的权限	1. 先参照上点查找原因； 2. 权限密码是否正确，编程按键是否按下

3.5　现场抄表。抄表员可以通过电能表的自然轮显或按抄表按钮，找到需要抄读的电能表数据，用笔逐项记录在抄表卡片上，也可通过抄表器或遥控器抄录。

智能电能表常用显示代码见表6－8。

表6－8　智能电能表常用显示代码

显示类别	显示代码 DL/T645—2007数据标识	显示内容 X：总＝0，费率1＝1，费率2＝2，……依次类推
电量类	00000X00	（当前）组合有功费率X电能
	00010X00	（当前）正向有功费率X电能
	00020X00	（当前）反向有功费率X电能
	00030X00	（当前）组合无功1费率X电能
	00040X00	（当前）组合无功2费率X电能
需量类	01010X00	（当前）正向有功费率X最大需量及发生时间
	01020X00	（当前）反向有功费率X最大需量及发生时间
	01030X00	（当前）组合无功1费率X最大需量及发生时间
	01040X00	（当前）组合无功2费率X最大需量及发生时间
	02800004	当前有功需量
	02800005	当前无功需量
显示类别	显示代码 DL/T645－2007数据标识	显示内容
测量类	02010X00	分相电压（X：A＝1，B＝2，C＝3）
	02020X00	分相电流（X：A＝1，B＝2，C＝3）
	02030X00	瞬时有功功率（X：总＝0，A＝1，B＝2，C＝3）
	02040X00	瞬时无功功率（X：总＝0，A＝1，B＝2，C＝3）
	02050X00	瞬时视在功率（X：总＝0，A＝1，B＝2，C＝3）
	02060X00	功率因数（X：总＝0，A＝1，B＝2，C＝3）
	02070X00	相角（X：A＝1，B＝2，C＝3）

续表

显示类别	显示代码 DL/T645－2007数据标识	显示内容
事件记录	100X0001	失压次数(X：总＝0，A＝1，B＝2，C＝3)
	100X0002	失压累计时间(X：总＝0，A＝1，B＝2，C＝3)
	10000101	最近1次失压发生时刻
	10000201	最近1次失压结束时刻
	110X0001	欠压总次数(X：A＝1，B＝2，C＝3)
	110X0002	欠压总时间(X：A＝1，B＝2，C＝3)
	120X0001	过压总次数(X：A＝1，B＝2，C＝3)
	120X0002	过压总时间(X：A＝1，B＝2，C＝3)
	130X0001	断相总次数(X：A＝1，B＝2，C＝3)
	130X0002	断相总事件(X：A＝1，B＝2，C＝3)
	180X0001	失流总次数(X：A＝1，B＝2，C＝3)
	180X0002	失流总时间(X：A＝1，B＝2，C＝3)
	0310000X	电压合格率统计数据(X：本月＝0，上1月＝1，上2月＝2……以此类推)

4　操作要点

4.1　在抄表之前，应仔细检查电能计量装置的运行情况，如电能表、互感器及其线路是否正常，是否有窃电情况。

4.2　上电后，电表先全屏显示，然后按照显示方案循环显示。常用显示项目方案用户可以自定义。也可以按上下键进行翻屏，查找显示项目，按键显示方案也可以自定义。

4.3　抄表卡片的内容变动时，如户名变更、变压器容量变动、电能表轮换、互感器换变比等，都必须以工作票为依据，任何人无权擅自改变抄表卡片的内容。抄表卡片依据新上、增容、扩建电力用户的报装工作票建立。抄表卡片使用期满需要全部更换时，一般在上年末抄表卡片已使用完毕，下年工作尚未开始时进行。新换的抄表卡片必须严格审核其中各项内容，防止漏登、错登，每张卡片的登记人和审核人应签名盖章以负责任并表示有效。

4.4　抄表时精力要集中，看清数码，分清整数与小数。往抄表卡上填写时，要写对表格位置，数字不得抄错，不得漏项，保证抄表质量。

5　安全注意事项

5.1　如需打开计量箱(柜)抄表时，应先使用低压验电器检查是否存在漏电情况。

5.2　抄表过程中，应注意保持身体尤其是头部与带电部位的安全距离。

6　应急事件预防及处置

6.1　发生人身伤害事件时，先用急救箱处理伤处，严重者送医院医治。

6.2　高温作业，应有防中暑措施。若发生中暑事件，先用急救箱处理，严重者送医院医治。

6.3　发生触电事件时，迅速使伤者脱离电源，就地采取解救措施，及时联系医疗急救人员接替救治。

6.4　当设备发生异常时应立即停止工作，待查明原因后方可继续。

模块二　电能数据自动抄录

项目一　变电站通信管理机接线

1　项目简介

变电站后台机可以通过通信管理装置自动抄读电能表数据。后台机与通信管理装置的接线以国电南自 PSX643S 通信管理装置为例。

2　操作前准备

2.1　穿戴合格、齐备的劳动防护用品，主要包括纯棉长袖工作服、绝缘鞋、安全帽。

2.2　准备安装接线材料及电讯工具，主要包括：屏蔽网线、网络水晶头、485 信号通信线、管型接线端子头、自锁式尼龙扎带、电工绝缘胶带、管型端子压线钳、螺丝刀、剥线钳、网络寻线仪、万用表等。

3　操作步骤

3.1　网线制作。测量通信管理装置与网络交换机间的距离，截取相应长度的网线(适当冗余)，两端压接水晶头。用网络寻线仪测试网线制作是否正确，压接是否良好。

3.2　RS－485 信号通信线制作。测量电能表与电能之间、电能表与电能表屏试验端子排、电能表屏试验端子排与通信管理装置之间的距离。根据需要的数量制作 RS－485 信号通信线若干。通信线两端使用管型压线钳采用冷压法压接管型接线端子，用万用表测试压接是否良好。

3.3　网线敷设。将制作好的网线从通信管理装置开始，沿着配线槽及电缆沟敷设至通信柜的网络交换机处。一端插入通信管理装置的 ETH 口，另一端插入网络交换机的预留端口。

3.4　RS－485 信号通信线敷设。按照 RS－485 总线的标准(图 6－2)，电表的 A 与 A 连接，B 与 B(图 6－3)连接后，沿配线槽接至电能表屏试验端子排一侧上，再由另一侧沿配线槽、电缆沟敷设至通信服务器处，按照“＋”和“－”对应接入 COMM 板。

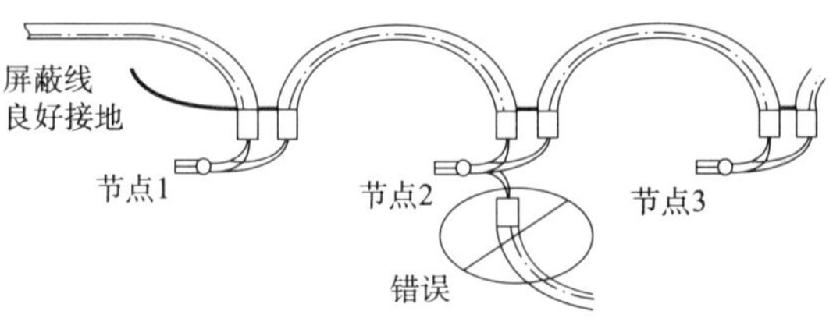

图 6－2　485 通信线接线示意图

图 6－3　电能表功能接口

4　操作要点

4.1　图 6－4 为实际应用中常见的 RS－485 通信线一些错误连接方式(a，b，c)，图 6－5 为正确的连接方式(d，e，f)。a，b，c 这三种网络连接尽管不正确，在短距离、低速率仍可能正常工作，但随着通信距离的延长或通信速率的提高，其不良影响会越来越严重，主要原因是信号在各支路末端反射后与原信号叠加，会造成信号质量下降。

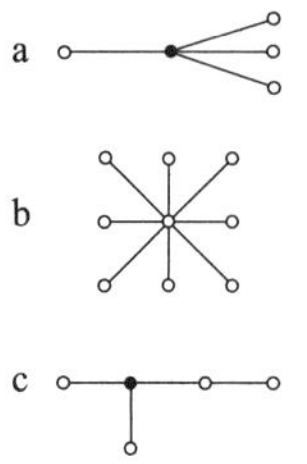

图 6－4 RS 485 通信线的错误接线

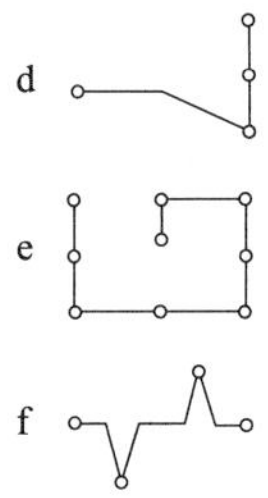

图 6－5 RS－485 通信线的正确接线

4.2 电能表的规约无法改动，所有新装和换表时，一定选择和变电站自动化系统规约相同的电能表。

5 安全注意事项

5.1 现场工作至少由两人进行，严格执行工作监护制度。

5.2 工作人员应正确使用合格的个人劳动防护用品，防止擦伤、碰伤、砸伤。

6 应急事件预防及处置

6.1 发生人身伤害事件时，先用急救箱处理伤处，严重者送医院医治。

6.2 高温作业，应有防中暑措施。若发生中暑事件，先用急救箱处理，严重者送医院医治。

6.3 发生触电事件时，迅速使伤者脱离电源，就地采取解救措施，及时联系医疗急救人员接替救治。

6.4 当设备发生异常时应立即停止工作，待查明原因后方可继续。

项目二 变电站后台电量报表编辑

1 项目简介

当变电站后台机的电量报表链接错误、参数设置错误及表头错误时，需要重新编辑，修正错误。

2 操作前准备

2.1 了解电量报表错误情况。

2.2 分析电量报表错误原因，制定修改方案。

3 操作步骤

3.1 点击后台机主机桌面左下的“开始”键。

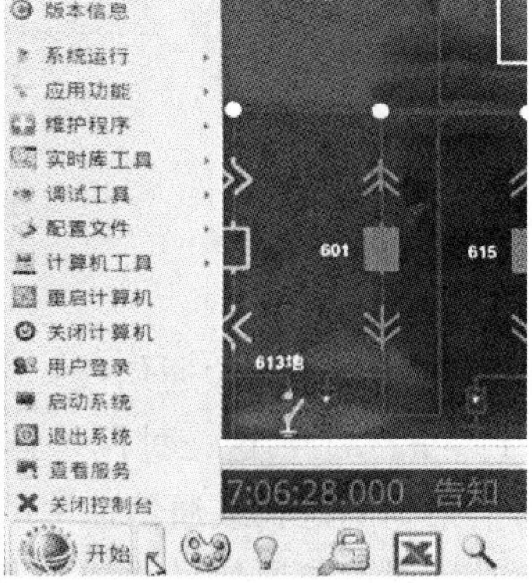

3.2　点击“维护程序”。

3.3　点击“报表编辑”。

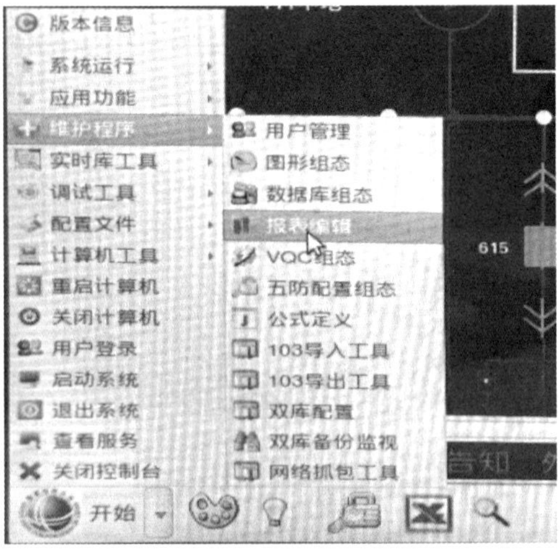

3.4　选择“系统管理员”，输入密码“sac”。

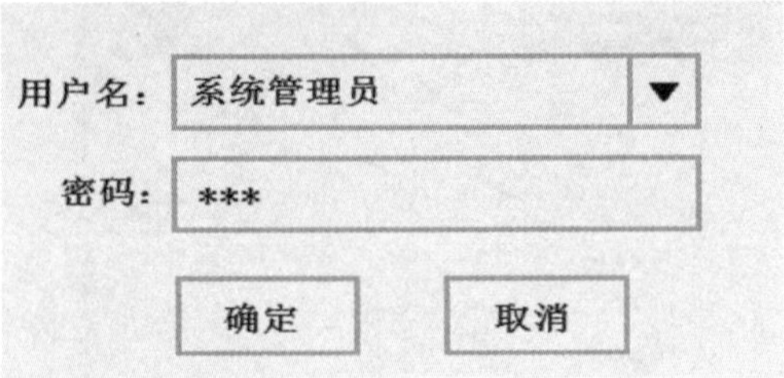

3.5　进入“报表设计器”后点击“文件”再点击“打开”。

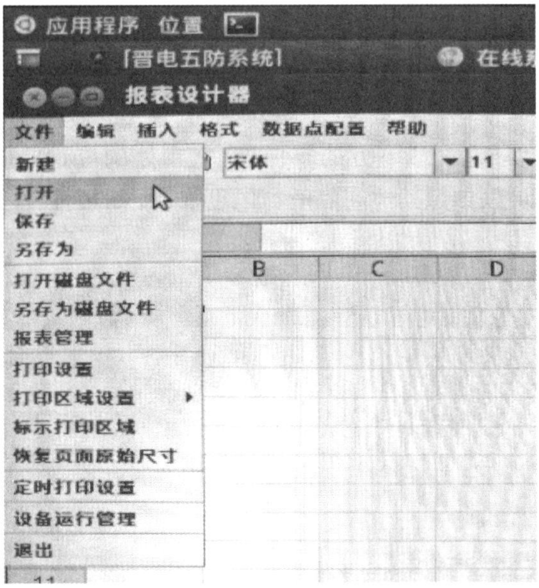

3.6　选择“日报”。

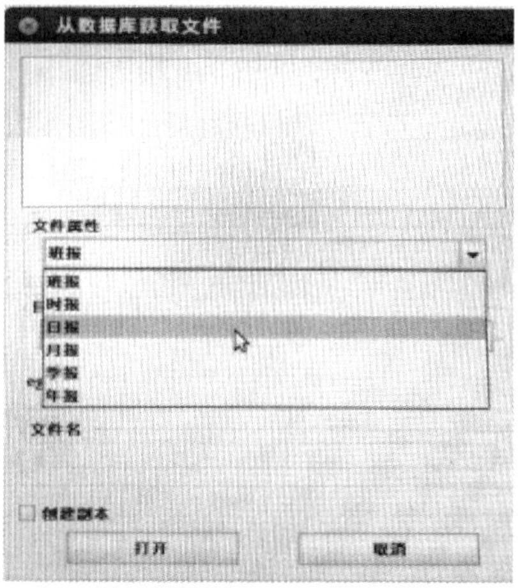

3.7　选择“电度日报表”。

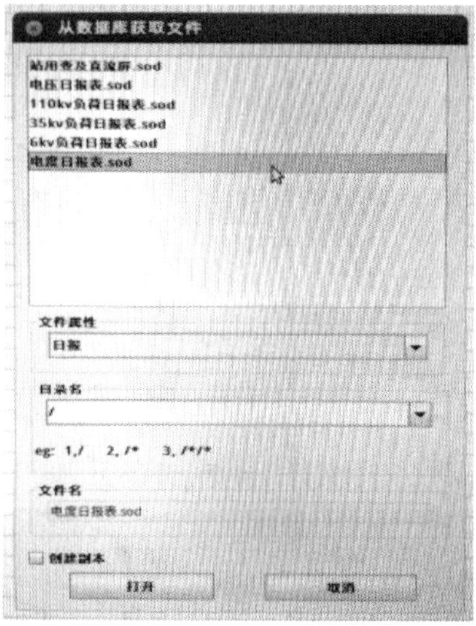

3.8　在打开的“电度日报表”下方的空白处(空白处的位置要能够放下需要重新编辑的间隔的所有电度点，可以参照其他间隔所有电度点所占的列数，行数大于24)任选一空格，点击鼠标左键选中。

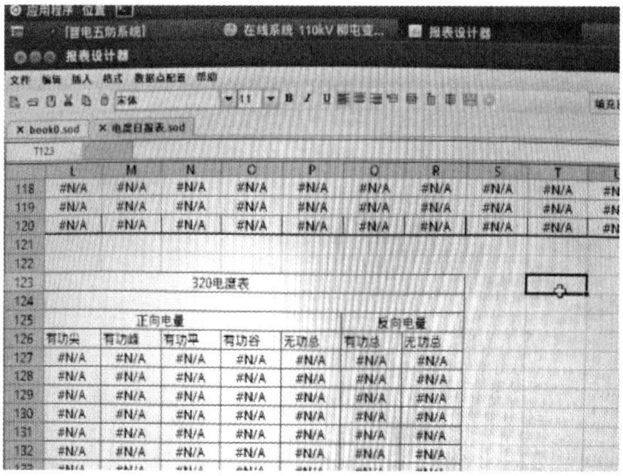

3.9　点击窗口上方中间的“历史量定义”，打开“历史量填充”窗口的“数据点”窗口。

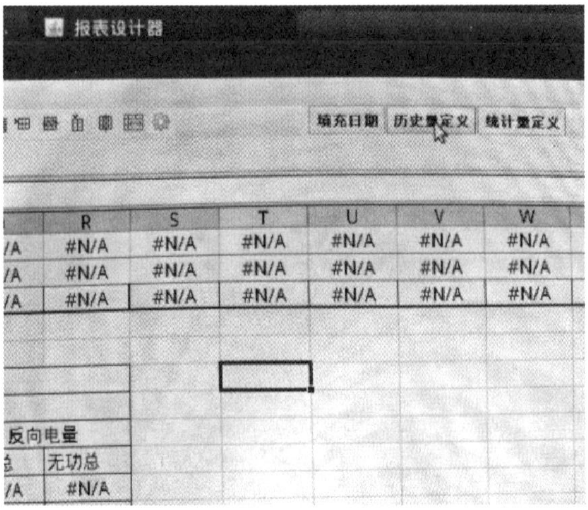

3.10　在“数据点窗口”左侧点击“工程定义”。

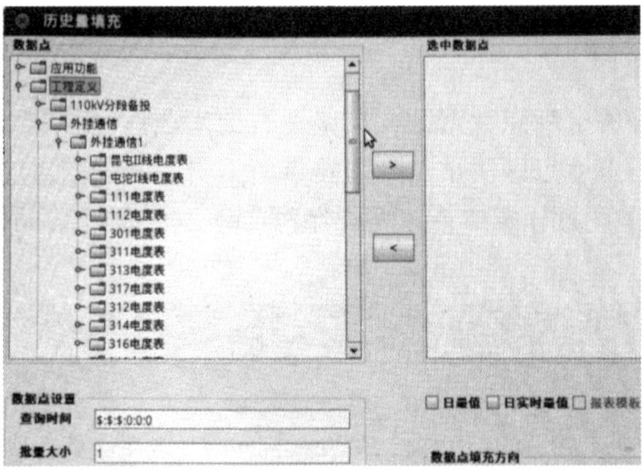

3.11　按原报表电度点顺序，依次点击选择电度点(如果是多个间隔都出现错误，可以连续选择错误的间隔，依次加入电度点)。

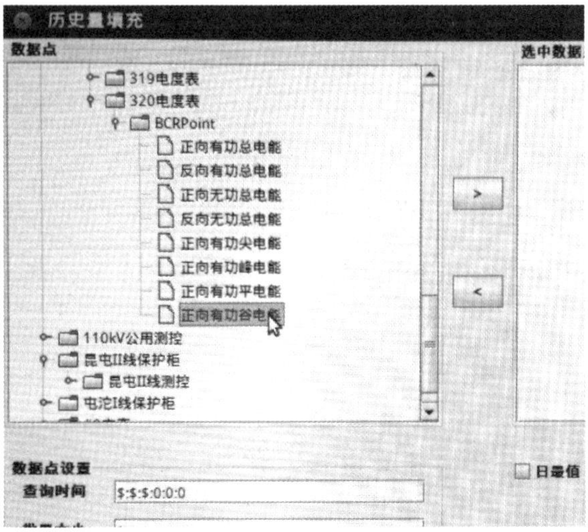

3.12　电度点选择好以后，将下方批量大小的数值“1”改为24。

3.13　将批量大小的数值“1”改为24后，再将下方的结束时间“$:$:$:0:0:0”改为“$:$:$:23:0:0”。

3.14　将结束时间改为“$:$:$:23:0:0”后，点击下方的“确定”。

3.15　点击“历史填充量”窗口左上角，关闭窗口。

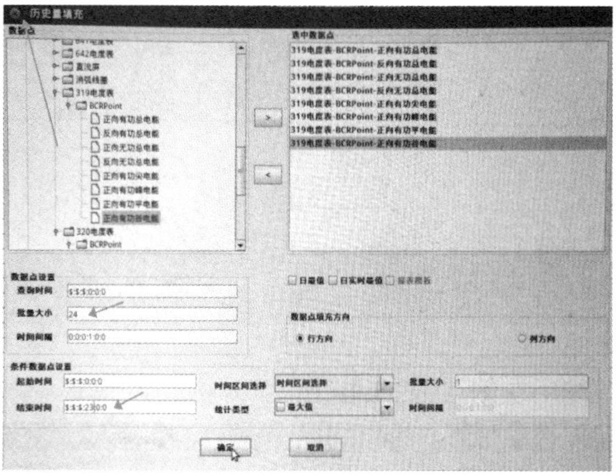

3.16　选择编辑好的电度点数据区，按鼠标右键，选择“复制”。

3.17　将复制好的电度点区块粘贴到需要重新编辑的间隔的对应电度点区块。

3.18　粘贴好以后，点击窗口左上的“保存”键，完成对某间隔电度日报表的重新编辑。

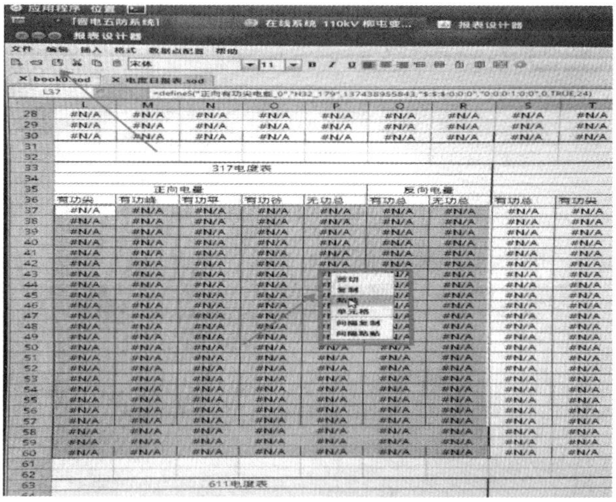

模块三 电能数据远程抄录

项目一 电量采集终端的接线

1 项目简介

远程自动抄表系统是一种不需要抄表人员到达电能表运行现场，利用特定的通信方式将用户处电能表所记录的各种数据传送到远程主控站的计算机网络中，并由软件对数据进行统计、分析、计算的系统。目前常用的远程通信通道有：GPRS/CDMA 无线公网、光纤等；本地通信通道有：低压电力线载波、RS－485 总线等。采集终端是用电采集系统的重要组成部分，本章重点介绍 RS－485 总线方式的电量采集终端的接线。

2 操作前准备

2.1 穿戴合格、齐备的劳动防护用品，主要包括纯棉长袖工作服、绝缘鞋、安全帽。

2.2 准备安装接线材料及电讯工具，主要包括屏蔽网线、网络水晶头、RS－485 信号通信线、管型接线端子头、自锁式尼龙扎带、电工绝缘胶带、管型端子压线钳、螺丝刀、剥线钳、专变采集终端、主站采集终端、网络寻线仪、万用表等。

3 操作步骤

3.1 主站采集终端接线。

3.1.1 电能表 RS－485 信号通信线连接。

按照 RS－485 总线的标准，电能表 RS－485 接口的 A 与 A 连接，B 与 B 连接后分别接至采集终端相应抄表通 RS－485 端口，A 接至终端 RS－485 端子 A，B 接至终端 RS－485 端子 B。

总体来看，各个通道 RS－485 通信线接成串行结构，避免星形接线。注意在每块电表的 RS－485 口接线处，把屏蔽双绞线的屏蔽层连接在一起并用绝缘胶带进行正确包扎，最后在接入终端处进行单点接地。

采用一条双绞线电缆作总线，将各个节点串接起来，从总线到每个节点的引出线长度应尽量短，以便使引出线中的反射信号对总线信号的影响最低。

3.1.2 主站采集终端的网线连接。将制作好的网线从主站采集终端开始，沿着配线槽及电缆沟敷设至通信柜的网络交换机处。一端插入通主站采集终端的以太网口，另一端插入网络交换机的预留端口。

3.1.3 主站采集终端工作电源连接。主站采集终端工作电源使用交流和直流双模式供电，外接电源取自 200V 交流电压回路和 200V 直流电压回路。电流采用串联方式（为保证计量电流二次回路的可靠性，电流回路可以不接入终端）。

3.1.4 主站采集终端 GPRS 天线连接。将 GPRS 天线接头和采集终端天线接口拧紧，天线磁吸底盘吸附在电能表屏上。天线安装在安全且无信号屏蔽的空间。

3.2 专变采集终端接线。

3.2.1 电能表 RS－485 信号通信线连接。按照 RS－485 接线的标准，电能表 RS－485 接口的 A 与采集终端 RS－485 端子 A 连接，B 与采集终端 RS－485 端子 B 连接。

3.2.2 专变采集终端主接线端子接线。按照电能表主接线方式进行接线（图 6－6、

图6-7)。终端电压与电能表采用并联方式,电流采用串联方式(为保证计量电流二次回路的可靠性,电流回路可以不接入终端)。

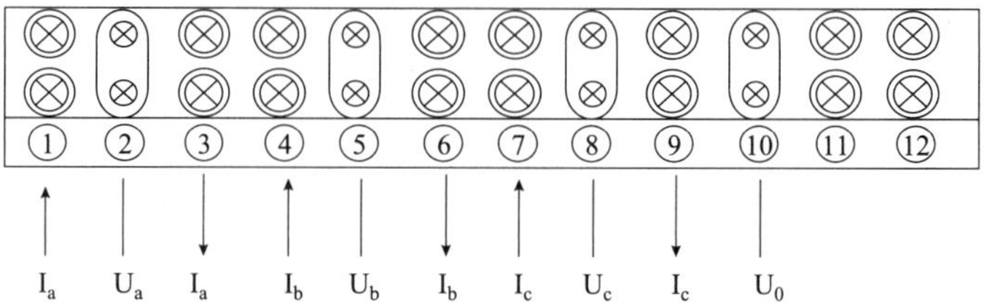

图6-6　三相四线专变采集终端主接线端子示意图

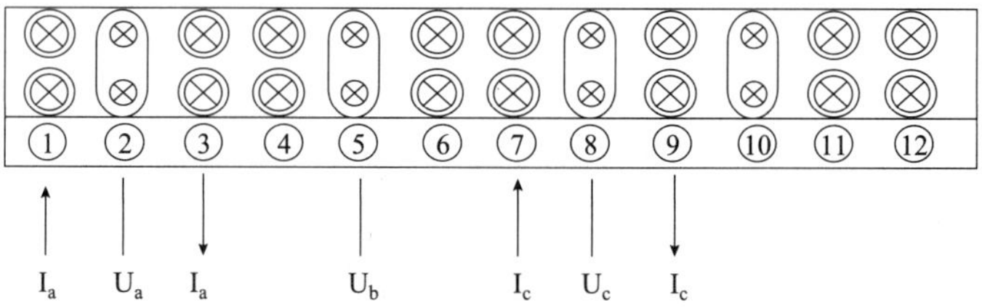

图6-7　三相三线专变采集终端主接线端子示意图

3.2.3　专变采集终端的网线连接。将制作好的网线从主站采集终端开始,沿着配线槽及电缆沟敷设至通信柜的网络交换机处。一端插入通主站采集终端的以太网口,另一端插入网络交换机的预留端口。

3.2.4　专变采集终端 GPRS 天线连接。将 GPRS 天线接头和采集终端天线接口拧紧,天线磁吸底盘吸附在电能表屏上。天线安装在安全且无信号屏蔽的空间。

4　操作要点

4.1　专变采集终端安装于户外,应安装在通风干燥、无强磁场和无腐蚀性气体的环境,以确保设备的良好使用。

4.2　终端通过 RS-485 串口采集电能表的数据,RS-485 通信线采用2芯屏蔽通信线,线径不小于 $\Phi 0.5$mm,最大接入线径为 $\Phi 2.0$mm(尽量使用较粗的屏蔽通信)。

4.3　终端 RS-485 接口的 A 端(即 RS-485 的“+”极)与电表 RS-485 接口的 A 端(或 A+端)相连,RS-485 接口的 B 端(即 RS-485 的“-”极)与电表 RS-485 接口的 B 端(或 A-端)相连,屏蔽层必须一端接地。

4.4　当终端与现场表计接线完毕后,调试之前,检查整个回路是否接线正确,可使用以下几种方法:

4.4.1　接线颜色区分:该方法最简单易行。

4.4.2　对线法:在电缆已经预先埋设,并且没有标记的情况下,可以先采用对线法区分电缆中的每根电线。对线法的具体操作是:将电缆一端的某一根电线接地,然后在电缆的另一端测量每根电线对地的电阻,如果某根电线的对地电阻很小或者为零,则可判定是接地的那一根电线。

4.4.3　测量电压法:用万用表测量该回路 RS-485 的 A 与 B 之间的电压,正常范围应在2.0~5.0V,如果测得的电压为0或接近于0,甚至为负值,说明在该回路中有的表计 RS-485 的 A、B 端接线有接反或短路的可能,需要逐个表计进行检查。注意:当表计的数目较多时,建议在每接完一块表计后都进行一次 A、B 端的电压测量,以确保一次接线成功。

4.4.4　RS－485 通信方式全线距离为 1000m 内。

5　安全注意事项

5.1　现场工作至少由两人进行，严格执行工作监护制度。

5.2　终端安装位置应离高压带电或可能带电部分保持足够的安全距离。

5.3　终端外接电源电压必须与终端所要求的电源电压相一致。

6　应急事件预防及处置

6.1　发生人身伤害事件时，先用急救箱处理伤处，严重者送医院医治。

6.2　高温作业，应有防中暑措施。若发生中暑事件，先用急救箱处理，严重者送医院医治。

6.3　发生触电事件时，迅速使伤者脱离电源，就地采取解救措施，及时联系医疗急救人员接替救治。

6.4　当设备发生异常时应立即停止工作，待查明原因后方可继续。

项目二　电量采集终端的设置

1　项目简介

电量采集终端的 GPRS 信道和以太网信道的通信参数设置。

2　操作前准备

2.1　穿戴合格、齐备的劳动防护用品，主要包括纯棉长袖工作服、绝缘鞋、安全帽。

2.2　准备调试所需的各项参数数据等。

3　操作步骤

3.1　CCLS82－DXW 型厂站电能量采集终端设置。

3.1.1　终端上电以后，进入主菜单界面。按【确定键】进入下一界面。

3.1.2　进入后进行参数设置，选择【参数设置与查看】项，按【确定键】进入。

3.1.3　进入后，选择【设置模式】项，按【确定键】进入。

3.1.4　进入后输入密码，按【确定键】进入通信通道设置。

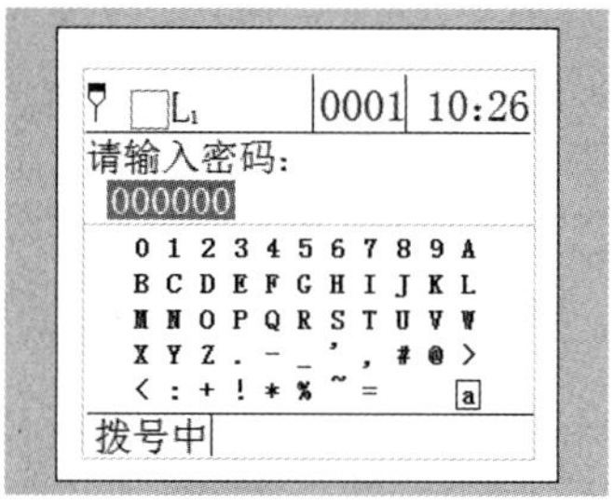

3.1.5　进入后选择【通信信道设置】项，按【确定键】进入。

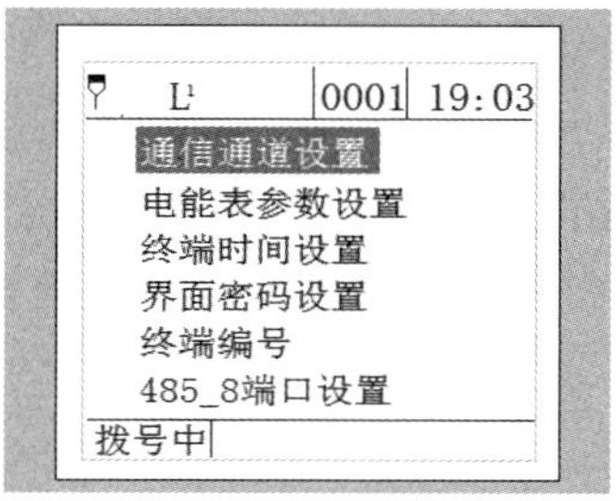

3.1.6　进入后选择【通道详细设置】项，按【确定键】进入。

3.1.7　进入后选择【GPRS 通道设置】项，进行 GPRS 通道设置，按【确定键】进入。

GPRS 信道参数按表 6－9 的内容依次设置。

表 6－9　GPRS 信道参数设置表

主站 IP(主用)	**. **. **. **
端口	5080
主站 IP(备用)	**. **. **. **
端口	5080
APN	*****. ****

3.1.8　GPRS 参数设置正确后保存，按【返回键】返回到通道选择界面。

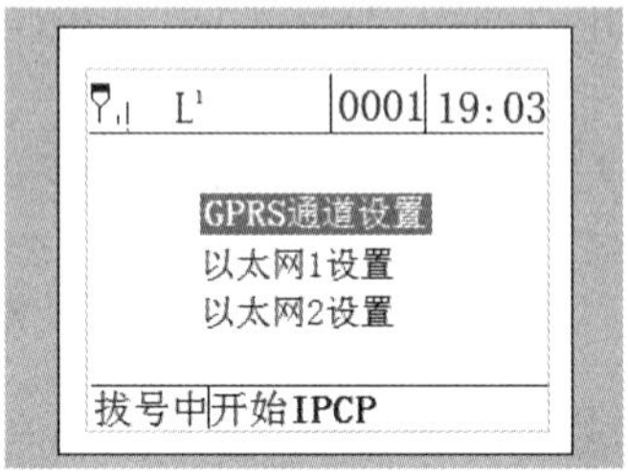

3.1.9　选择【以太网 1 设置】项，按【确定键】进入。以太网 1 参数按照表 6－10 设置。

表 6－10　以太网信道参数设置表

终端 IP	**. **. **. **
子网掩码	255. 255. 255. 0
网关	**. **. **. **
主站 IP(主用)	**. **. **. **
端口	5080
主站 IP(备用)	**. **. **. **
端口	5080

3.1.10　以太网 1 参数和 GPRS 通道参数设置好检查一遍，核对正确后按【返回键】返回到【参数设置与查看】界面，选择【终端管理与维护】项，按【确定键】进入。

3.1.11　选择【终端重启】项，按【确定键】将终端重新启动。

3.1.12　终端重启后，再次进入【终端管理与维护】界面，选择【PING 主站】项，按【确定键】进入，分别对 GPRS 和以太网 1PING 主站，PING 成功说明通道正常。

3.2　FKGA23 - DXC 型专变电能量采集终端设置。

3.2.1　终端上电以后，进入主菜单界面。按【确定键】进入下一界面。

3.2.2　进入后进行参数设置，选择【参数定值】项，按【确定键】进入。

3.2.3　进入后进行电能表参数设置，选择【电能表参数】项，按【确定键】进入。

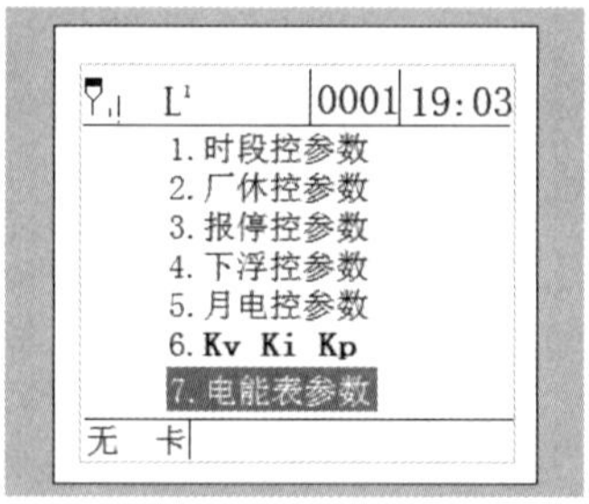

3.2.4　进入后进行密码设置，输入正确密码，按【确定键】进入。

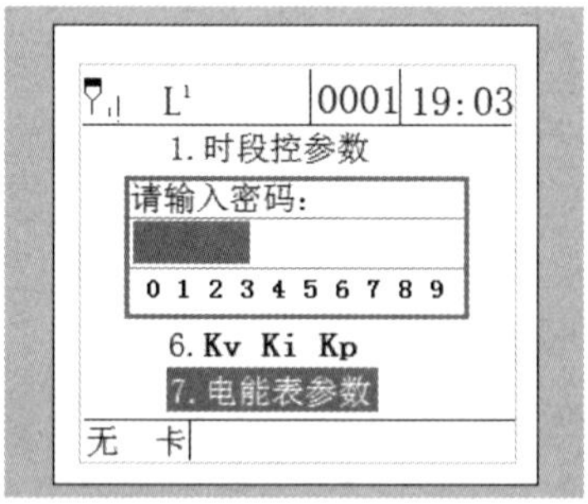

3.2.5　进入后进行电能表参数设置，输入电能表波特率、通信协议、地址等参数，按【保存键】进行保存。

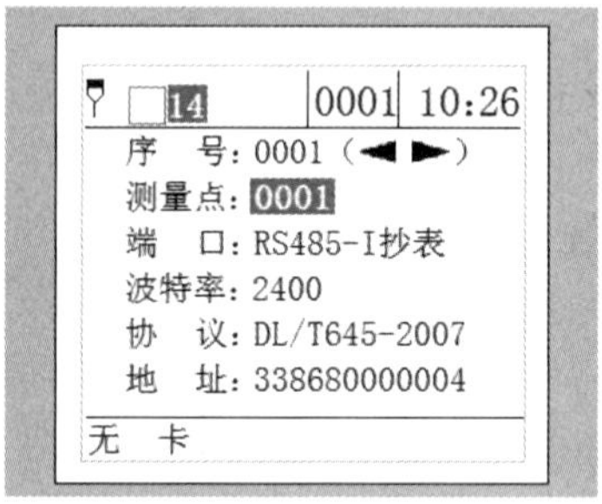

3.2.6　电能表参数设置完成后，进入到配置参数项，按【确定键】进入并输入正确的密码。

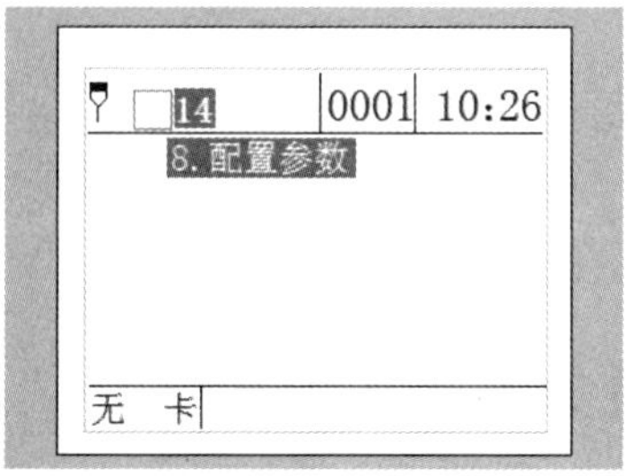

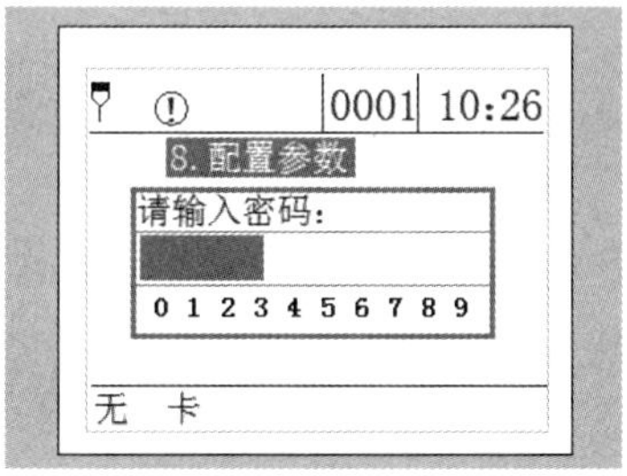

3.2.7　密码输入正确后按【确定键】进入配置参数页面，选择通信参数配置项，按【确定键】进入。

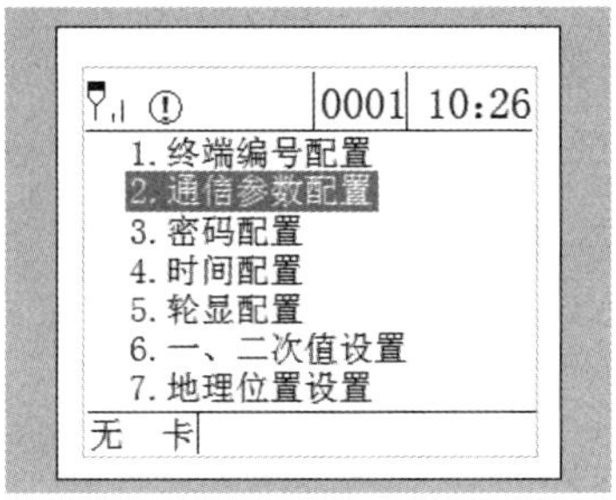

3.2.8 进入后输入用户名和密码、通信主站 IP、主站端口、主站备用 IP、主站备用端口以及无线网络 APN，按【保存键】进行保存，完成所有参数设置。

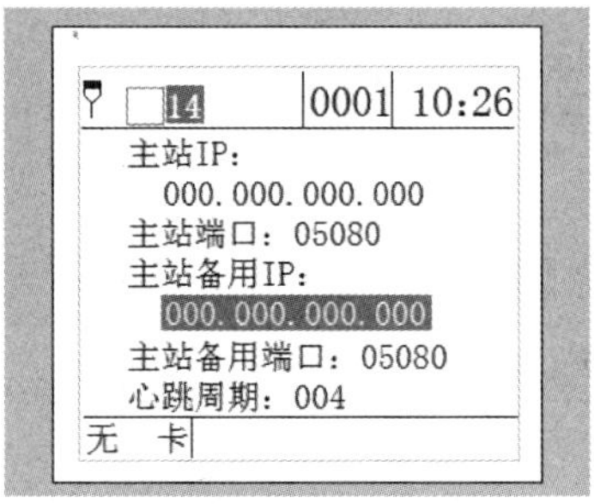

4 操作要点

4.1 终端调试过程中，应设置正确的参数，参数设置正确终端才能与主站通信，才能正常采集电能数据。

4.2 终端安装调试完毕，应检查各种设备的运行状态，并检查设备的本地、远程通信。

4.3 现场与主站联合测试，进行采集数据验证，核对档案信息等。

5 安全注意事项

5.1 现场工作至少由两人进行，严格执行工作监护制度。

5.2 终端安装设置时，要注意与可能带电部分保持足够的安全距离。

6 应急事件预防及处置

6.1 发生人身伤害事件时，先用急救箱处理伤处，严重者送医院医治。

6.2 高温作业，应有防中暑措施。若发生中暑事件，先用急救箱处理，严重者送医院医治。

6.3 发生触电事件时，迅速使伤者脱离电源，就地采取解救措施，及时联系医疗急救人员接替救治。

6.4 当设备发生异常时应立即停止工作、待查明原因后方可继续。

项目三 厂站采集终端的设置

1 项目简介

iES－E70 厂站采集终端通信参数设置。

2 操作前准备

2.1 穿戴合格、齐备的劳动防护用品，主要包括纯棉长袖工作服、绝缘鞋、安全帽。

2.2　准备调试所需的各项参数数据等。

3　操作步骤

3.1　终端上电初始化完毕后显示初始界面，如图6－8所示。

3.2　在此界面可按任意键(上下键除外)进入密码确认状态(图6－9)。

图6－8　厂站采集终端初始画面图

图6－9　厂站采集终端密码输入图

通过密码认证后就可以进入下拉菜单(图6－10)进行相关操作。

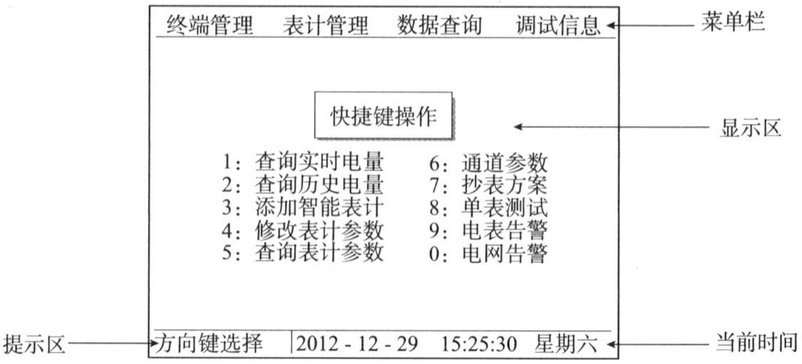

图6－10　厂站采集终端主菜单图

3.3　通道参数设置。选择“终端管理→通道参数”进入，如图6－11所示。按Enter键确认后进入输入通道号界面，如图6－12所示。

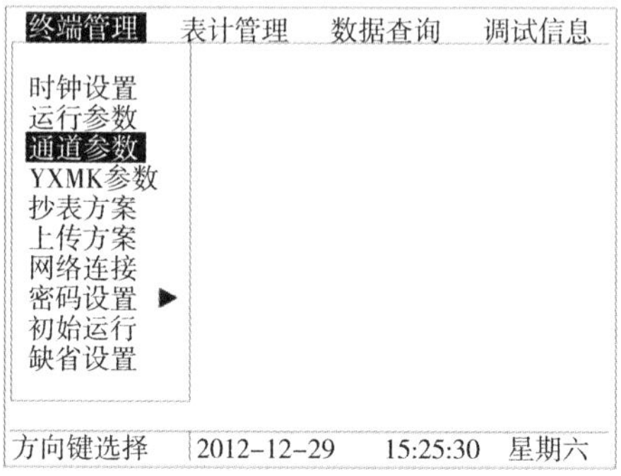

图6－11　设置选项界面

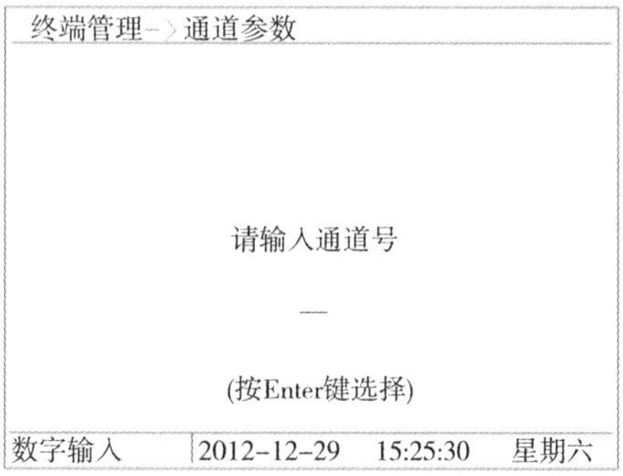

图6－12　输入通道号界面

3.3.1　通道2～9固定为RS－485串口(图6－13)，用于抄表、通信、校时。

当通道2～9用于抄表时的通道参数设置如图6－14所示。其中通道号、通道类型是固定值，不可修改。通道功能项设置为抄表，作为抄表通道。智能表数项为本通道已添加的智能表数，自动检测生成，不可修改。

图 6－13　RS－485 通道号界面

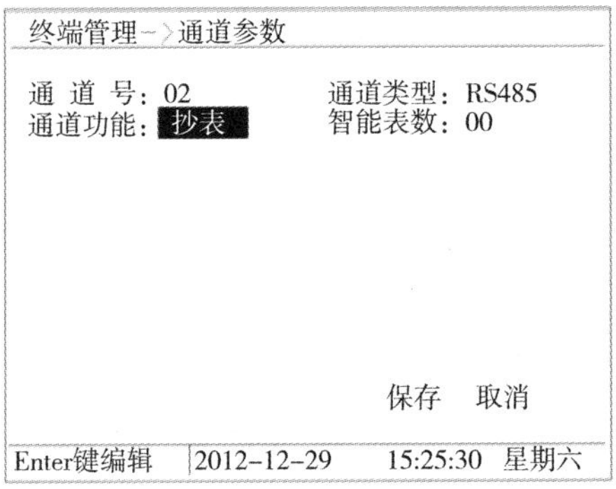

图 6－14　抄表通道参数设置界面

当通道 2～9 用于通信时的通道参数设置如图 6－15 所示。其中通道号、通道类型为固定值，不可修改。通道功能设置为通信，作为和主站通信的通道。通信规约、通信速率、通信站址、行政区划按照主站通信参数相同的设置。

3.3.2　通道 10～17 在配置成 GPRS 模块时的通道参数设置如图 6－16 所示。将通信方式改为“永久在线”后，继续按 Enter 键，进入 GPRS 参数设置界面。其中通道号、通道类型为固定值，不可修改。通道功能设置为通信，作为和主站通信的通道。通信规约、通信速率、通信站址、行政区划、端口号、IP 地址（主）、IP 地址（备）按照主站通信参数相同的设置。通信方式设置为永久在线（GPRS 必须设置成此模式）。

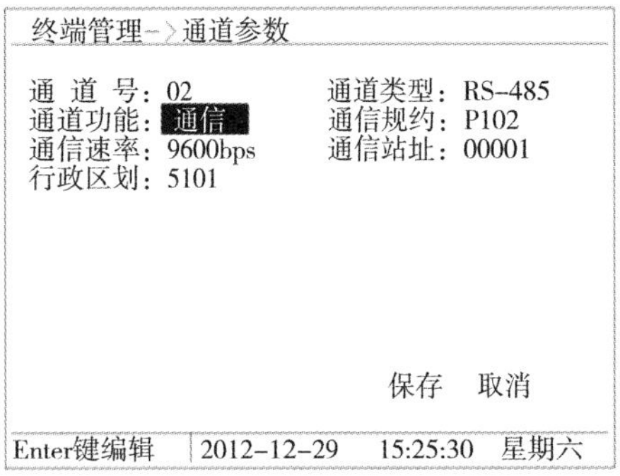

图 6－15　通信通道参数设置界面

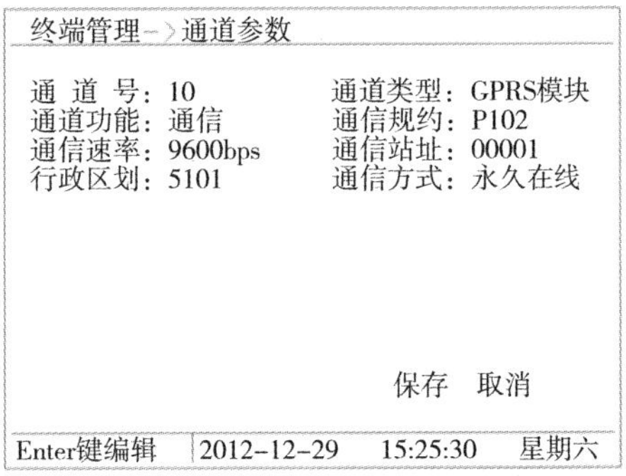

图 6－16　GPRS 通道参数设置界面

3.4　抄表方案设置

选择“终端管理→抄表方案”进入。抄表方案配置界面共两页，其中方案一默认如图 6－17所示：

其中，“[ ]”中的“√”表示采集，没有则表示不采集；费率可设置为 1～14，其他值无效，历史表示上月历史电能量或最大需量，四象限表示第一、二、三、四象限无功电能量或最大需量；采集间隔可设置为 1，2，3，4，5，6，10，12，15，20，30，60 中的任意值。功能键 Func 和删除键 Del 用于向下、向上翻页。在两页中都可以选中“保存”或“取消”选项，以确认或取消所做的修改。

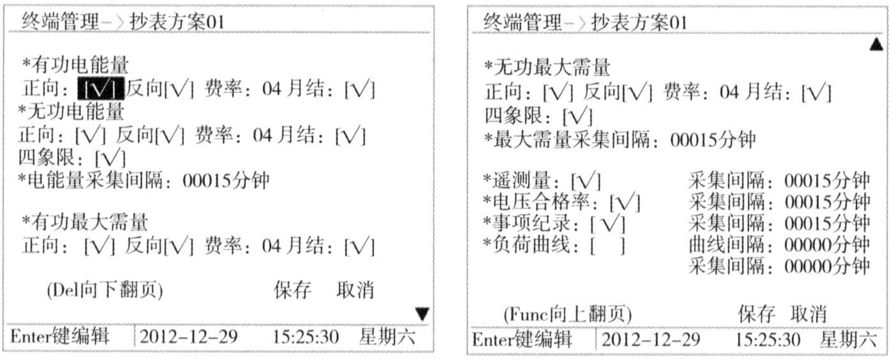

图 6－17　抄表方案配置界面

3.5　网络连接设置。

如图 6－18 所示，选择“终端管理→网络连接”进入。按 Enter 键确认后，进入到网络连接设置界面。

网卡、网卡 IP 及连接状态自动检测生成，不可修改。网卡设置时，按 Enter 键进入到设置界面，如图 6－19 所示。IP 地址、子网掩码、网关地址、MAC 地址根据实际修改。

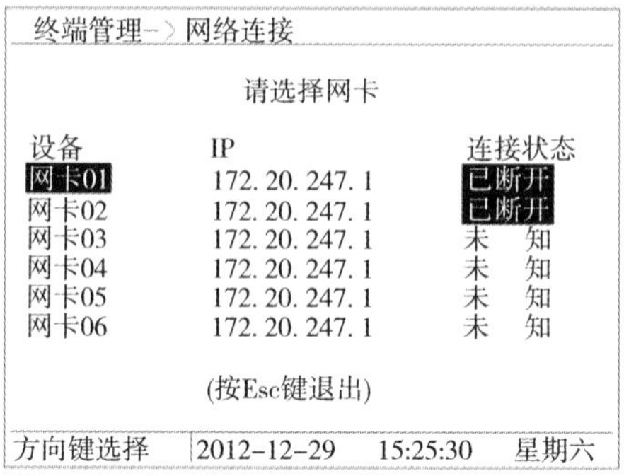

图 6－18　网卡列表界面

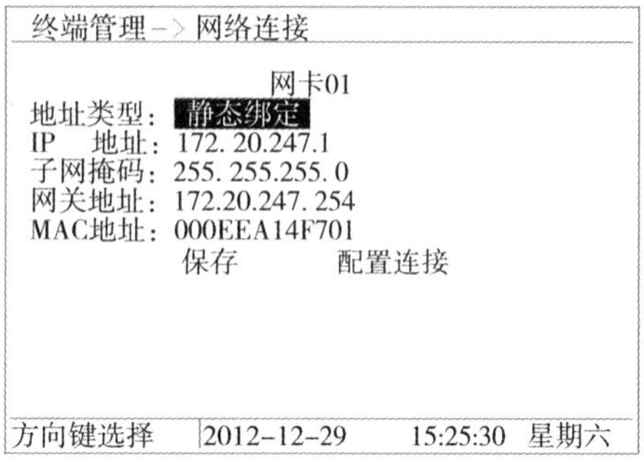

图 6－19　网卡设置界面

选择“配置连接”，按 Enter 键确认后，进入到连接配置界面，如图 6－20 所示。

图 6－20　连接配置界面

3.6　智能表管理设置。

选择“表计管理→智能表”进入如图 6－21 所示界面。

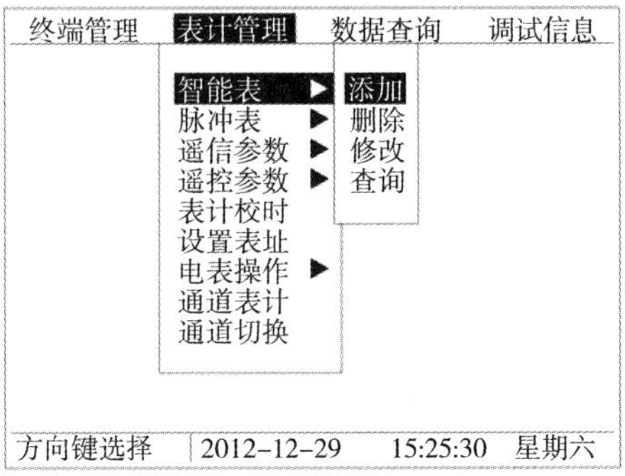

图6－21　表计管理选项界面

智能表管理分为添加、删除、修改、查询四项，以添加智能表为例，选择“添加”，进入添加智能表界面，如图6－22所示。功能键Func和删除键Del用于向下、向上翻页。用户在两页中都可以选中“保存”或“取消”选项，以确认或取消所做的修改

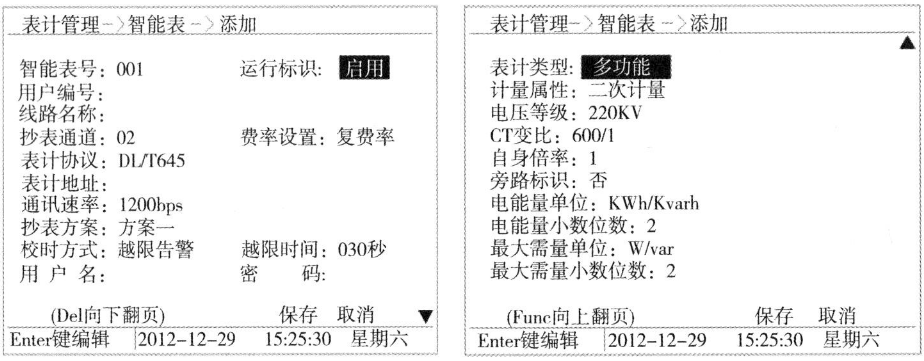

图6－22　智能表添加界面

删除智能表时，按Enter键确认后，终端会询问要删除的智能表号，如果输入的表号不存在，终端会提示出错并等待重新输入。如果想退出，可按Esc键。如果直接按Enter键，终端会把所有智能表计列出，供选择。当选中要删除的表号或输入了正确的表号并按Enter键确认后，终端会确认删除。

修改智能表时，按Enter键确认后，终端会询问要修改的智能表号，如果输入的表号不存在，终端会提示出错并等待重新输入。退出可按Esc键。如果直接按Enter键，终端会把所有智能表计列出，供选择。当选中要修改的表号或输入了正确的表号并按Enter键确认后，终端会进入智能表计参数编辑修改界面。

查询智能表时，按Enter键确认后，终端会询问要查询的智能表号，如果输入的表号不存在，终端会提示出错并等待重新输入。如果退出，可按Esc键。如果直接按Enter键，终端会把所有智能表计列出，供选择。当选中要查询的表号或输入了正确的表号并按Enter键确认后，终端会进入显示智能表计参数界面。

3.7　表计校时设置。

选择“表计管理→表计校时”进入如图6－23所示界面。按Enter键确认后，根据屏幕提示选择智能表计，选中后即用终端时间去校准智能表计的时间。

3.8　电能表地址设置。

选择“表计管理→设置表址”进入，如图 6 – 24 所示界面。按 Enter 键确认后，根据屏幕提示选择智能表计、输入新的表计地址，按 Enter 键确认即可。

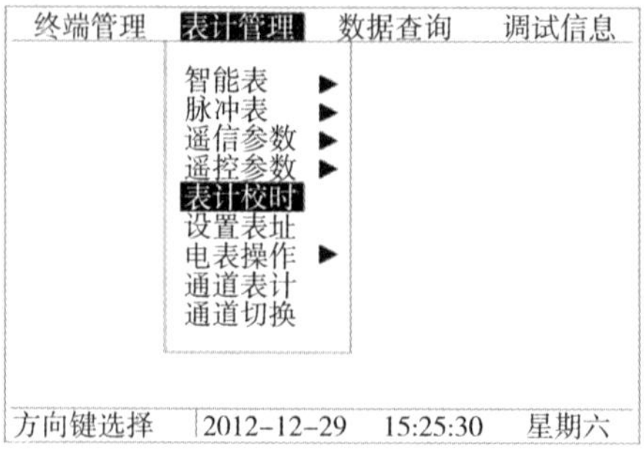

图 6 – 23　表计校时设置界面

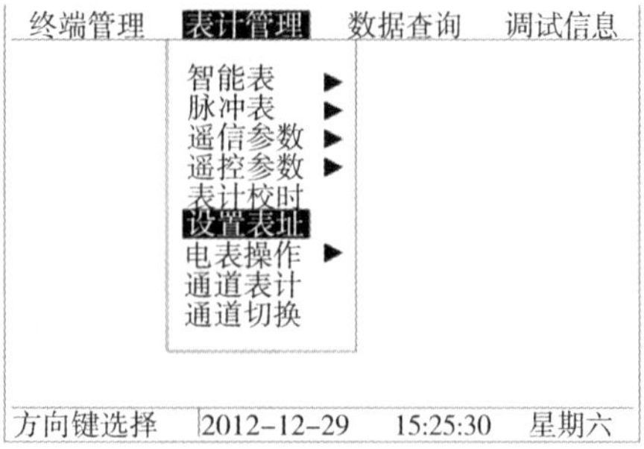

图 6 – 24　表计地址设置界面

3.9　通道表计显示设置。

选择“表计管理→通道表计”进入。按 Enter 键确认后，根据屏幕提示输入要查询的抄表通道，然后终端就会将该抄表通道中的所有表计列出，在提示栏会显示该抄表通道的智能表总数。如图 6 – 25 所示。

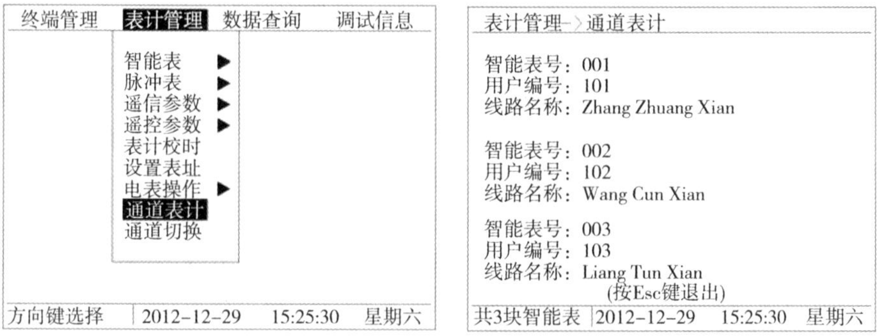

图 6 – 25　通道表计显示设置界面

3.10　通道切换设置。

选择“表计管理→通道表计”进入，通道切换是将某抄表通道中的所有智能表计移到另一没有智能表计的空闲抄表通道。按 Enter 键确认后，进入通道切换界面，如图 6 – 26 所示。

图 6 – 26　通道切换设置界面

3.11 智能表查询。

选择“数据查询→智能表”进入，智能表数据查询分为实时、历史、月历史三项。按Enter键确认后，终端会询问要查询的智能表号，直接按Enter键，终端会把所有智能表计列出。当选中要查询的表号或输入了正确的表号并按Enter键确认后，终端会询问要查询的数据种类。以查询实时数据为例，选择“实时”，进入查询实时数据界面，如图6－27所示。

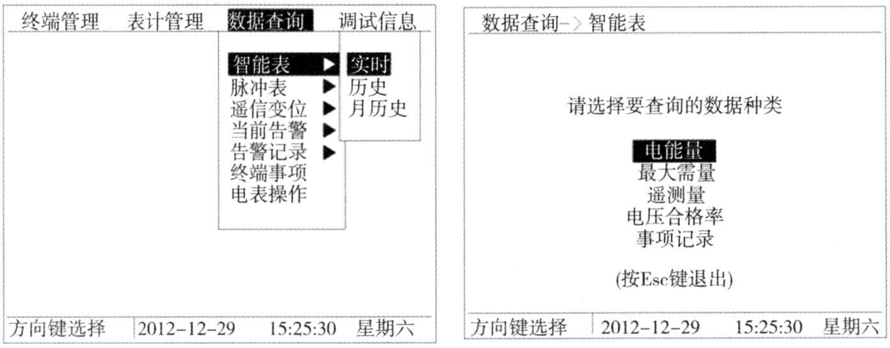

图6－27 智能表查询界面

4 操作要点

4.1 终端使用下拉式菜，可以用键盘的确认键Enter、取消键Esc和四个方向键来选择菜单以执行相应的命令。菜单项末尾如有“▶”标记，表示有下一级菜单，可按确认键Enter进入。如按取消键Esc，则返回上一级菜单。如果在最上一级菜单按取消键Esc，经确认后可退出下拉式菜单进入初始界面，重新进入下拉式菜单需要再次密码验证。用方向键可以移动光标条至要选择的菜单项，按确认键Enter执行。如果15分钟内(初始界面时为30秒)没有对键盘操作，液晶将进入睡眠状态，按任意键可以唤醒，并进入初始界面。

4.2 终端调试过程中，应设置正确的参数，参数设置正确终端才能与主站通信，才能正常采集电能数据。

5 安全注意事项

5.1 现场工作至少由两人进行，严格执行工作监护制度。

5.2 终端安装设置时，要注意与可能带电部分保持足够的安全距离。

6 应急事件预防及处置

6.1 发生人身伤害事件时，先用急救箱处理伤处，严重者送医院医治。

6.2 高温作业，应有防中暑措施。若发生中暑事件，先用急救箱处理，严重者送医院医治。

6.3 发生触电事件时，迅速使伤者脱离电源，就地采取解救措施，及时联系医疗急救人员接替救治。

6.4 当设备发生异常时应立即停止工作，待查明原因后方可继续。

项目四 用电信息采集系统操作

1 项目简介

用电信息采集系统主要功能包括数据采集、数据管理、控制、综合应用、运行维护、系统接口等，本项目重点介绍电信息采集系统的操作。

2　操作前准备

准备系统调试所需的各项参数数据等。

3　操作步骤

正确输入“用户名”和“密码”进入用电信息采集系统主界面。

3.1　台区管理。

在台区管理里建立计量点。点击主菜单上部的“运行维护”弹出运行维护界面，点击“档案管理”，在下拉菜单里选择“台区管理”。

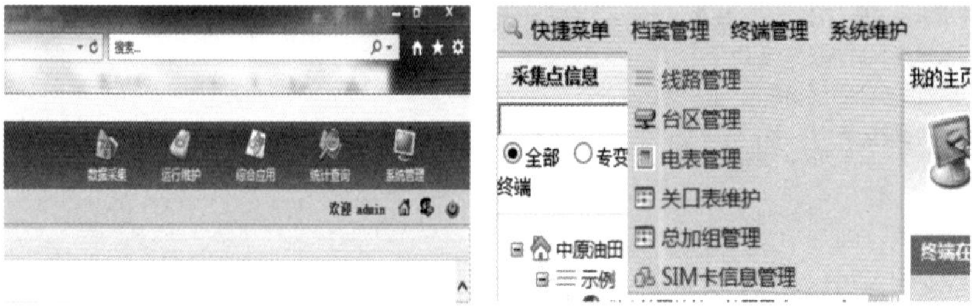

在台区管理界面左侧的树形菜单里选择公变或者专变，在右侧的窗口里可以增加、修改或删除计量点。

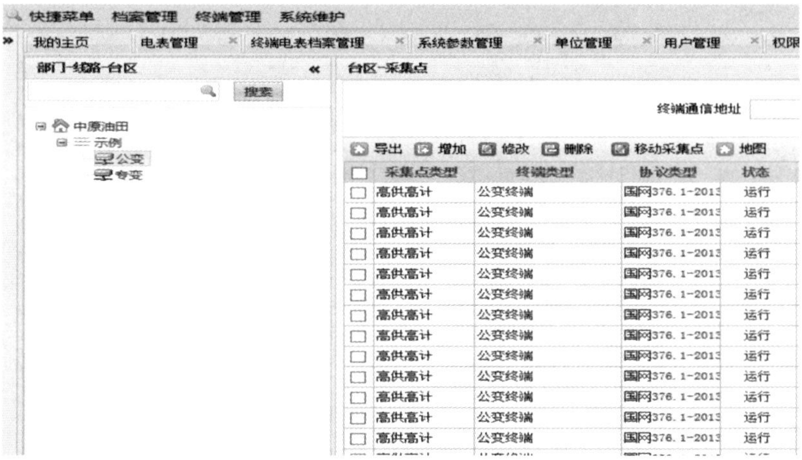

3.2　终端电表档案管理。

点击主菜单上部的“运行维护”弹出运行维护界面，点击“终端管理”，在下拉菜单里选择“终端电表档案管理”。

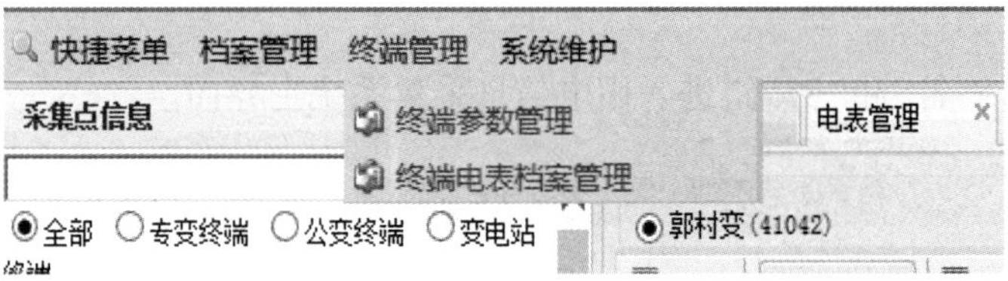

选择需要维护的电能表，点击“发送”，将信息完整的电能表档案下发到远程采集终端。点击“召测”，将远程采集终端里的电能信息召测到电能表档案列表里。

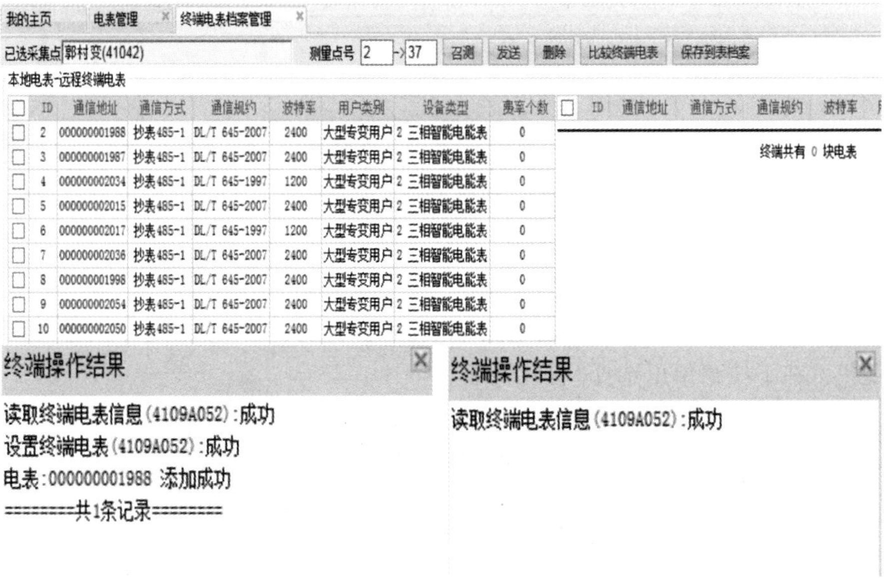

点击“比较终端电表”可以查找出系统和远程采集终端里电能表档案的差错，通过档案维护和下发，使两端档案统一，保证数据通信正常。

3.3　电表管理。

点击主菜单上部的“运行维护”弹出运行维护界面，点击“档案管理”，选择电表所属采集点，在下拉菜单里选择“电表管理”，在弹出的界面里可以增加、修改、删除电能表。

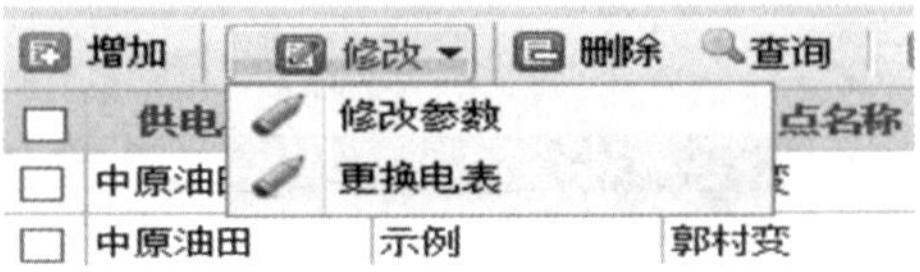

3.3.1　增加电能表。

3.3.2　修改电能表。

在换表和更换互感器倍率时必须进行电能表修改，才能保证电量冻结数据的连续性。

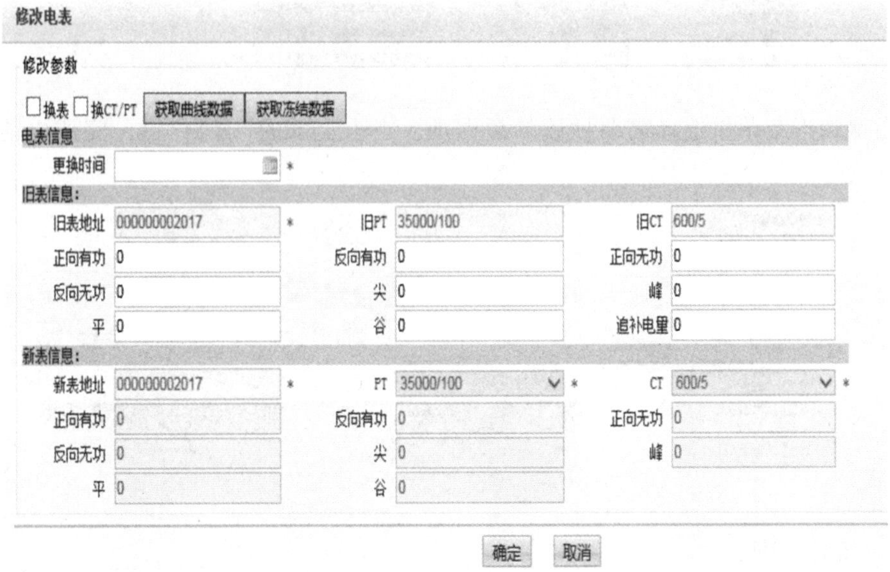

3.4　电能表数据召测。

在主界面右上标题栏点击“数据采集”按键。在弹出数据采集界面，点击“实时通信”按键，在下拉菜单里点击“数据召测”。

在左侧的树形菜单里选择需要查询的主站或专变，在弹出的测量点号里选择需要抄读的电能表。

在右侧树形菜单里选择需要抄读的数据项，点击上部的“召测”键，完成电能表数据生成。

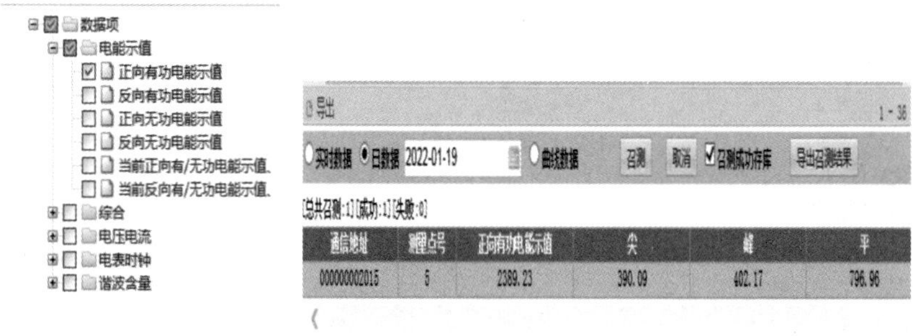

3.5 统计查询。

在统计查询界面里可以查询线损分析、用电量分析、用电负荷分析及数据报表等。

3.6　系统参数管理。

在系统参数管理界面可以对线损配置、功率因数阈值等参数值进行修改。

综合查询

参数名　查询

增加　修改　删除

	ID	排序号	参数名	参数值	备注	状态
1	calMonthPowerJobTime_to	0	calMonthPowerJobTime_to	16 08:00	月电量任务计算时间	启用
2	calDayPowerJobDatas	0	calDayPowerJobDatas	zxyg_energy, charge	日电量任务zxyg_energy, charge	启用
3	calDayPowerJobTime	0	calDayPowerJobTime	08:00	日电量任务计算时间	启用
4	calDayPowerJobDays	0	calDayPowerJobDays	2	日电量任务计算天数	启用
5	calMonthPowerJobDatas	0	calMonthPowerJobDatas	zxyg_energy, zxwg_energy, charge,	月电量任务zxyg_energy, zxwg_energy, charge, power_factor	启用
6	calMonthPowerJobTime	0	calMonthPowerJobTime	16 08:00	月电量任务计算时间	启用
7	thresholdOfPowerFactor	0	thresholdOfPowerFactor	0.9	平均功率因数阈值	启用
8	smsTemplate	0	smsTemplate	尊敬的客户【{0}】：您好，您{1}	电费短信模板	启用
9	LINELOSSFLAG	1	LINELOSSFLAG	1	线损配置计算分相日用电量	启用
10	BSLL_UPRICE	1	BSLL_UPRICE	0.5	基站线损电费单价	启用
11	HTTPTIMEOUT	1	HTTPTIMEOUT	40	HTTP超时时间	启用
12	SUCCESSRATECONFIG	1	SUCCESSRATECONFIG	1	采集成功率配置	启用
13	SYSTEM_CUSTOMER	1	SYSTEM_CUSTOMER	【】	【】	启用
14	Threshold_Factor	1	Threshold_Factor	1	负荷曲线功率因子阈值	启用
15	Threshold_Current	1	Threshold_Current	1.4	负荷曲线电流阈值	启用

1 共9页 15

3.7　编码管理。

在编码管理界面可以对采集点状态、波特率等进行修改。

我的主页　电表管理　终端电表档案管理　系统参数管理　单位管理　用户管理　权限管理　角色管理　编码管理

模块列表

搜索

编码管理
- 3类事件上报数据项
- ACD日表
- CT名称
- HDLC通信速率
- PT名称
- SIM卡状态
- 安装相位
- 变电站状态
- 变压器型号
- 波特率
- 波特率_广东
- 波特率_新南网
- 采集点类型
- 采集点状态
- 采集任务
- 采集任务645数据项
- 操作方式
- 测量点性质
- 测量点性质_广东

编码值　显示值　查询

增加　修改　删除

	序号	编码值	显示值	扩展值	状态
1	0	0	300		禁用
2	1	1	600		禁用
3	2	2	1200		启用
4	3	3	2400		启用
5	4	4	4800		禁用
6	5	5	7200		禁用
7	6	6	9600		禁用
8	7	7	19200		禁用
9	8	8	宽度值 0		禁用
10	9	9	57600		禁用
11	10	10	115200		禁用
12	12	255	自适应		禁用

1 共1页 15

单元七　电能计量常见故障分析及处理方法

模块一　电能计量故障分析

项目一　向量作图的方法和步骤

1　项目简介

绘制三相三线电能计量向量图。所谓向量图就是几个同频率的正弦电学物理量(电压、电流等)的向量画在一起的图。向量图法是检查电能表接线最基本的方法。它不仅能判断出接线的正确与否，且能通过向量的分析，判断属于哪一种错误接线，从而找到改正接线的途径。向量图法是通过画电压、电流向量图的方法确定接到电能表中的究竟是什么电压，什么电流。

2　操作前准备

2.1　准备三相三线电能表接线图(图7－1)。

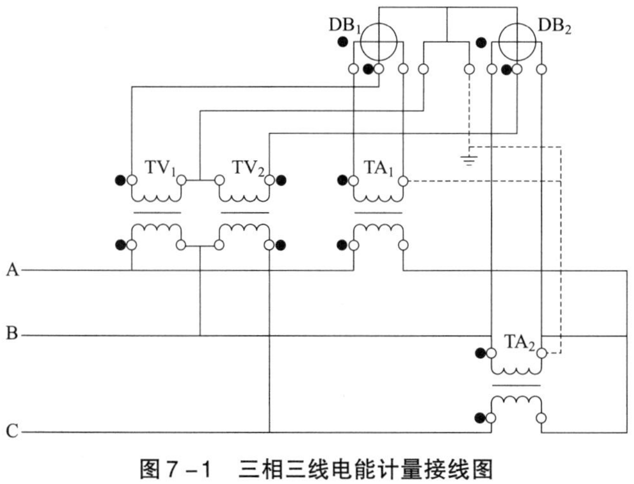

图7－1　三相三线电能计量接线图

2.2　准备绘制向量图所需的笔、纸张、三角板及量角器等绘图工具。

2.3　准备测量各项参数所需的万用表、钳形电流表及相位伏安表等。

3　操作步骤

首先，画好三相互差120°的相电压和相应相电流的向量。根据电度表两个元件的电压线圈和电流线圈首端(即发电机端，其标志为“＊”或“·”)和尾端所接电压和电流的相别，确定其电压和电流向量的方向，然后运用平行四边形法或平移连接法作向量的加或减的运算。

3.1　作出相电压向量。

根据所测的电源相序按照向量作图的规定，画出三相互差120°的相电压向量，然后在三相相电压向量箭头处写上各种电学物理量向量字母(如 $\dot{U}$、$\dot{I}$ 等)，如果电源相序为正相序，三相相电压向量的字母排列顺序应是 $\dot{U}_a$、$\dot{U}_b$、$\dot{U}_c$。如图7－2(a)所示；若是逆相序(也称反相序)，三相电压向量字母的排列顺序则是 $\dot{U}_a$、$\dot{U}_c$、$\dot{U}_b$，如图7－2(b)所示。

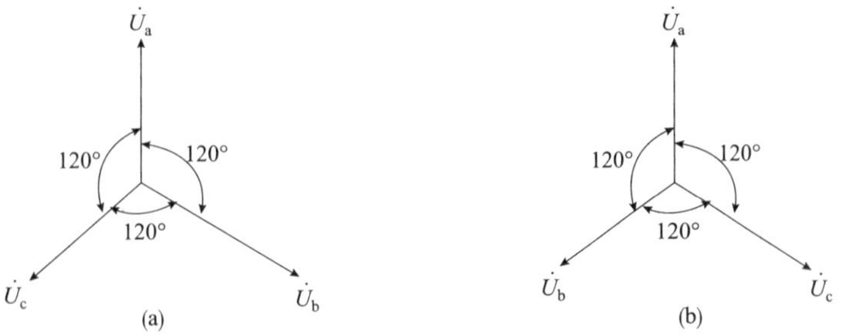

图 7－2　三相相电压向量图

3.2　作出线电压向量。

画出两个电压元件所接电压的电压向量。从图 7－1 可见第一元件电压线圈跨接在 A、B 两相电压上，且首端(即发电机端)接电压 A 相，尾端接电压 B 相，因此电压线圈首尾两端承受的电压为 U_{AB}，因 $\dot{U}_{ab}=\dot{U}_a+(-\dot{U}_b)$，运用平行四边形法作 $\dot{U}_a$ 与 $\dot{U}_b$ 向量相加运算求得 $\dot{U}_{ab}$。向量 $\dot{U}_{ab}$在相位上超前 $\dot{U}_a$ 30°或滞后 $-\dot{U}_b$ 30°，向量长度是 $\dot{U}_a$ 或 $-\dot{U}_b$ 的 $\sqrt{3}$倍；第二元件电压线圈跨接在 C、B 两相电压上，首端(发电机端)接电压 C 相，尾端接电压 B 相，因此电压线圈首尾两端承受电压为 U_{cb}，因$\dot{U}_{cb}=\dot{U}_c+(-\dot{U}_b)$，运用平行四边形法作 $\dot{U}_c$ 与 $\dot{U}_b$ 向量相加运算求得 $\dot{U}_{cb}$。向量 $\dot{U}_{cb}$在相位上超前 $-\dot{U}_b$ 30°或滞后 $\dot{U}_c$ 30°，向量长度是 $\dot{U}_c$ 或 $-\dot{U}_b$ 的$\sqrt{3}$倍(图 7－3)。

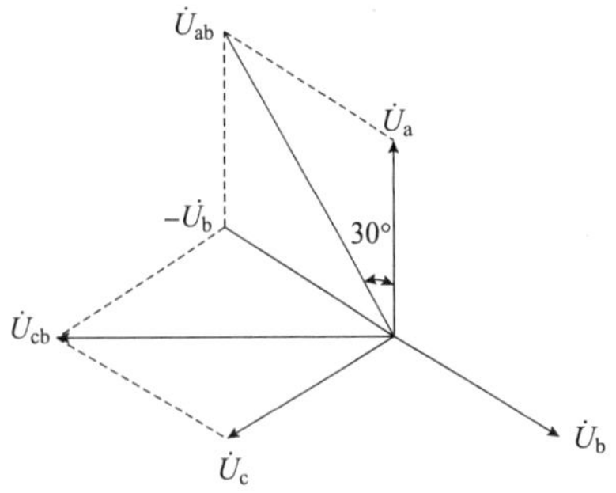

图 7－3　线电压向量图

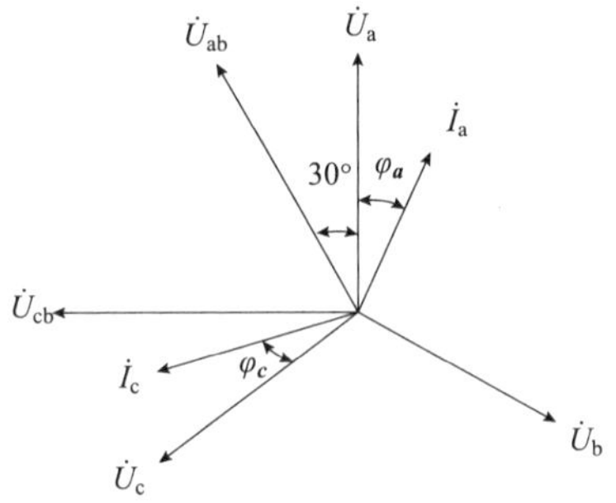

图 7－4　三相三线电能计量向量图

3.3　作出电流向量。

作电流向量一般都是按感性负载考虑，所以电流向量应画在相应相电压的滞后方向。

分别在相应相电压向量 $\dot{U}_a$ 和 $\dot{U}_c$ 滞后 φ_a 和 φ_c 功率因数角位置处画出电流向量 $\dot{I}_a$ 和 $\dot{I}_c$(两元件电度表因只有 A、C 两个电流元件，故只需画 $\dot{I}_a$ 和 $\dot{I}_c$ 两个电流向量)。如图 7－4 所示。

向量图画好后可进行向量关系分析，确定各量的向量之间的相位关系。一般是先对各元件所接的电压向量进行相位关系分析，以便找出它的已知相角，并在向量图上标出已知角度，然后再找出相应相电流与相电压之间的夹角，用 φ 表示。一般称 φ 角为每相的功率因数角。最后确定各元件所接电压与相应相电流之间的向量夹角(相位差)，并将夹角标在向量图上。

4　操作要点

4.1　必须按照现场实际接线情形画出接线图。这是画向量图的重要原始依据，务必正确。

4.2　应有现场实际电路电源相序检测记载。这是确定画三相电压与电流向量时所采用正相序还是逆相序的依据。

4.3　应有互感器(电压、电流)极性测定记录。

以上三条在作图前必须具备。

项目二　三相四线电能表错误接线分析

1　项目简介

三相四线电能计量装置接线检查。

2　操作前准备

2.1　穿戴合格、齐备的劳动防护用品，主要包括纯棉长袖工作服、绝缘鞋、安全帽。

2.2　准备查找、处理电能计量故障所需的仪器、仪表及电工工具，主要包括电能表现场校验仪、数字钳形相位表、钳形电流表、万用表、尖嘴钳、螺丝刀等。

3　操作步骤

3.1　外观检查：计量装置外壳应完整，附件应齐全，封印应完好。

3.2　接线检查：进出线应清晰明了，绝缘应完好无破损，各接线端子完整。

3.3　仪器检查：使用万用表、钳形电流表、数字钳形相位表分别测量线电压、相电压、二次电流及相位角或者使用电能表现场校验仪直接测出向量图。

上述检查若有异常，应立即查明原因并作好记录。

3.4　原理分析。

接线正确，当电能表有负荷电流通过时，电能表应正确计量，且基本误差在规定范围内，否则应查明原因；计量元件的合成电流为零是因为进、出线电流的大小相等、相位反相；电能表无负荷电流通过时，电流为零，此时虽电压正常(线电压380V或100V、相电压220V或57.7V)，但应无潜动；当第一元件的相电压超前于第二元件的相电压120°时，接入电压相序为正相序；当第一元件的相电压超前于第二元件的相电压240°时，接入电压相序为逆相序；分别检测各计量原件电压与电流的相位差，应符合感性负荷或容性负荷。

3.5　向量图及其分析。

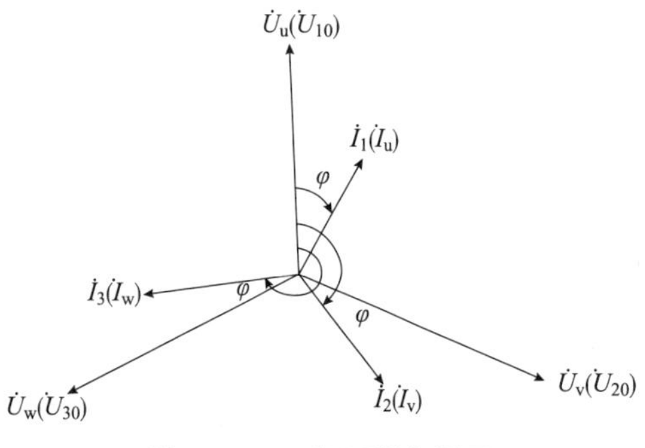

图7-5　三相四线向量图

向量图中字母的大、小写表明一次、二次的电流和电压，以三相对称电压向量为前提，依据测量数据绘制向量图。三相电压对称，第一元件的电压与参考相u相对应；根据电流向量相随于电压向量的原则，从电压向量出发推出对应的电流向量，如图7-5中由 $\dot{U}_U$ 找到 $\dot{I}_1$ 为 $\dot{I}_u$、由 $\dot{U}_V$ 找到 $\dot{I}_2$ 为 $\dot{I}_V$、由 $\dot{U}_W$ 找到 $\dot{I}_3$ 为 $\dot{I}_W$ 等。由图7-5表明，三个计量元件分别作用的电压和电流：第一元件为 $\dot{U}_U$、$\dot{I}_U$；第二元件为 $\dot{U}_V$、$\dot{I}_V$；第三元件为 $\dot{U}_W$、$\dot{I}_W$。

计量功率为：

$$P = P_1 + P_2 + P_3 = 3U_pI_p\cos\varphi \tag{7-1}$$

项目三　三相三线电能表错误接线分析

1　项目简介

三相三线电能计量装置接线检查。

2　操作前准备

2.1　穿戴合格、齐备的劳动防护用品，主要包括纯棉长袖工作服、绝缘鞋、安全帽。

2.2　准备查找、处理电能计量故障所需的仪器、仪表及电工工具，主要包括电能表现场校验仪、数字钳形相位表、钳形电流表、万用表、尖嘴钳、螺丝刀等。

3　操作步骤

3.1　外观检查：计量装置外壳应完整，附件应齐全，封印应完好。

3.2　接线检查：进出线应清晰明了，绝缘应完好无破损，各接线端接线完整。

3.3　仪器检查：使用万用表、钳形电流表、数字钳形相位表分别测量线电压、相电压、二次电流及相位角或者使用电能表现场校验仪直接测出向量图。

接入电压相序为正相序，即第一元件上的电压超前第二元件上的电压300°；分别测量电能表的计量元件进、出线电流应相等，合成电流(进、出线同时测量)应为零；TV 二次侧 v 相与电能表同相的电位差为 0V；分别检测各计量元件电压与电流的相位角，应在正常范围内。

上述检查中，只要有一项不符合，应立即查明原因并做好记录。

3.4　原理分析。

在接线正确下，电能表有负荷电流通过时，电能表应正常计量，且基本误差在规定范围内，否则应查明原因；计量元件的合成电流为零是因为进、出线电流的大小相等、相位反相；电能表无负荷电流通过(断开出线开关)时，电流为零，此时虽电压正常(线电压、相电压均为 100V)，但应无潜动；因 Vv 接线的电压互感器二次侧 v 相必须接地，所以当检测到电能表某相电压与地之间的电位差为 0V 时，即可判定此相为 v 相。当第一元件上的电压超前第二元件上的电压 300°时，接入电压相序为正相序；当第一元件上的电压超前第二元件上的电压 60°时，接入电压相序为逆相序；分别检测各计量元件电压与电流间的相位差，应符合感性或容性负荷的规律。当计量元件上线电压为 173V 左右时，说明 TV 二次极性反接。此时当检测到第一元件上的电压 $\dot{U}_{12}$ 超前第二元件上的电压 $\dot{U}_{32}$ 30°或 120°时，接入电压相序为正相序；当 $\dot{U}_{12}$ 超前 $\dot{U}_{32}$240°或 330°时，接入电压相序为逆相序。

3.5　向量图及分析。

三相三线电能计量装置向量图如图 7－6 所示。

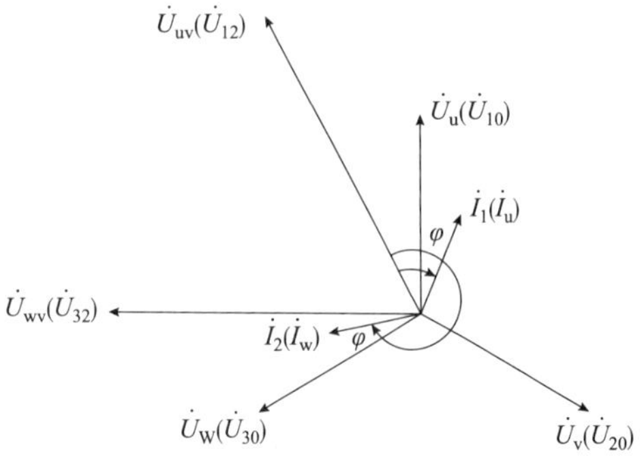

图 7－6　三相三线向量图

$\sum(\dot{I}_1+\dot{I}_2)=\dot{I}_1=\dot{I}_2$，说明电流无反接；$\dot{I}_1\hat{}\dot{I}_2=240°$，表示 $\dot{I}_1$ 超前 $\dot{I}_2$240°，其作用之一是进一步印证 $\dot{I}_1$、$\dot{I}_2$ 在向量图中的位置。

小提示：记住正确接线时向量图的形状，依此可快速发现错误接线之所在。

计量功率为：

$$P_1=U_{UV}I_U\cos(30°-\phi_u)$$

$$P_2=U_{wV}I_{Uw}\cos(30°-\phi_w)$$

$$P=P_1+P_2=UI[\cos(30°+\phi)+\cos(30°-\phi)]=\sqrt{3}UI\cos\phi \qquad (7-2)$$

模块二　电能计量故障查找与处理

项目一　电压回路故障查找与处理

1　故障现象

1.1　电压互感器一次侧或二次侧熔丝烧断或接触不上。

1.2　电压互感器开关刀闸被拉开，电能表电压接线端子处无电压。

1.3　电压互感器辅助接点、电压转换开关的触点接触不良或松动。

1.4　电压互感器误差超出规定范围。

1.5　电压互感器二次压降超差，增加计量装置附加误差。

1.6　计量装置接线错误。

2　故障处理方法

2.1　故障现象分析。

电能计量装置发生故障以后，一般先根据运行中电能表的脉冲，表内显示的电压、功率、功率因数及相位角分析、判断可能的故障原因，再根据可能的故障原因有目的地查找故障点。一般先查找电能表、电流互感器、电压互感器本身是否发生了故障，再查找二次回路的故障点。

2.2　使用电阻法查找故障。

在计量装置停电检修状态下，使用直流低电阻测试仪或万用表测量回路电阻的方法查找故障。

2.2.1　电能表和电压互感器检查。分别测量电能表的电压线圈和电压互感器的一、二次绕组的直流电阻值。通过直流电阻值的测量，以确认电能表、电压互感器本身是否发生故障。

2.2.2　电压二次回路的检查。将电压互感器和电能表的电压端接线解开，将导线的一端接地，用万用表的欧姆挡测量导线另一端的对地电阻，以判断回路是否断线。

2.3　使用电压法查找故障。

在计量装置带电运行状态下，使用万用表测量回路电压的方法查找故障。

2.3.1　使用万用表测量电能表表尾电压的方法判断电压互感器及其回路是否正常，出现差错时，一般从电压互感器二次接线侧开始，到电能表接线端子的线路分段查对。

2.3.2　将电能表的电压接线端子螺钉松开，使导线逐相脱离接线端子，观察电能表的脉冲闪动(快慢)变化情况或查看电能表内显示的电压，判断电能表本身或哪一相回路有故障。

2.3.3　使用万用表测量电压互感器二次接线端与电能表接线端的电压相位应一致，电压值应正常，相序应为正相序。电能表的位置与电压互感器的位置相距较远时，可敷设一根临时导线，用万用表分别测量电能表接线端的某相与电压互感器二次接线端的某相电压值。

2.4　使用现场校验仪查找故障。

2.4.1　分析用电参数。将现场校验仪接入发生故障的计量装置中，可以得到电能计量装置的各项参数，如电压、电流、功率、功率因数、向量图及相位角等。可以根据显示的各项数值分析判断计量装置是哪一方面发生故障，如三相电压是否缺相、电压值是否正常等。

2.4.2　测量计量装置误差。利用现场校验仪可直接测量出运行中电能表的相对误差。根据误差的大小可以判断计量装置是否发生故障。

2.4.3　分析向量图。电能表现场校验仪可直接显示运行中计量装置的实际向量图及其相位符号。根据显示的向量图及其相位符号，与计量装置的实际运行情况进行比较、分析，可以判断出故障原因，然后查找出故障点。

3　注意事项

3.1　在带电查找计量装置故障时，应遵守《电力安全工作规程》，不得触及与计量装置无关的电气设备。

3.2　在停电查找计量装置故障时，要迅速查出故障点，排除故障，并做好相应的防护措施，尽快恢复正常用电。

3.3　确认计量装置发生故障后，应作好原始记录，主要内容包括户名、电能表编号、表底、互感器倍率、故障表现状况、故障点位置、故障原因、故障责任等，都应经电力用户相关人员签字认同。

3.4　计量装置发生故障，需要退补电量时，应按相关规定与程序处理。

项目二　电流回路故障查找与处理

1　故障现象

1.1　电流互感器变比错误。

1.2　电流互感器匝间短路或开路。

1.3　电流互感器超负荷运行，误差超出规定范围。

1.4　电流互感器误差超出规定范围。

1.5　计量装置接线错误。

2　故障处理方法

2.1　使用电阻法查找故障。

在计量装置停电检修状态下，使用直流低电阻测试仪或万用表测量回路直流电阻的方法查找故障。

2.1.1　电能表和互感器的检查。分别测量电能表的电流线圈、电流互感器的一、二次绕组的直流电阻值。通过直流电阻值的测量，以确认电能表、电流互感器本身是否发生故障。

2.1.2　计量回路的检查。测量二次电流线路，可将电能表电流线路的接线端子或电流互感器二次接线端子拆开(否则电能表或电流互感器本身线圈的通路状态将影响测量结果)，使用直流低电阻测试仪或者万用表分别测量各相电流线路的直流电阻，此电流线路应是通路，如果阻值很大或不通路，则可能是电流线路某部位接触不良、线路断路或接线错误。

2.2　使用电流法查找故障。

使用钳形电流表测量各相电流，观察其电流数值，以判断电流互感器及其回路是否正常。

2.3 使用现场校验仪查找故障。

2.3.1 将现场校验仪接入发生故障的计量装置中，通过校验仪显示的各项数值分析判断计量装置是哪一方面发生故障，如电流极性错误、电流值是否正常等。

2.3.2 测量运行中计量装置误差。利用现场校验仪直接测量出运行中电能表的相对误差。根据误差的大小可以判断计量装置是否发生故障。

2.3.3 分析向量图。电能表现场校验仪可直接显示运行中计量装置的实际向量图及其相位符号。根据显示的向量图及其相位符号，与计量装置的实际运行情况进行比较分析，可以判断出故障原因，然后查找出故障点。

3 注意事项

3.1 在带电查找计量装置故障时，应遵守《电力安全工作规程》，不得触及与计量装置无关的电气设备。

3.2 在停电查找计量装置故障时，要迅速查出故障点，排除故障，并做好相应的防护措施，尽快恢复正常用电。

3.3 确认计量装置发生故障后，应作好原始记录，主要内容包括户名、电能表编号、表底、互感器倍率、故障表现状况、故障点位置、故障原因、故障责任等，都应经电力用户相关人员签字认同。

3.4 计量装置发生故障，需要退补电量时，应按相关规定与程序处理。

项目三 高压电能计量装置故障处理标准化作业指导书

1 目的

规范高压电能计量装置故障处理作业管理，推行和实施标准化作业，提高工作质量和效率，降低作业风险。

2 适用范围

适用于高压电能计量装置故障处理作业。

3 安全工作的一般要求

3.1 必须严格执行《电力安全工作规程》相关安全规定。

3.2 常用工具金属裸露部分应采取绝缘措施，仪器仪表及安全工器具应检验合格，并在有效期内。

4 材料、仪器及有关专用工具

4.1 材料和备品、备件见表7-1。

表7-1 材料和备品、备件

序号	名称	型号及规格	单位	数量	备注
1	电能表		只	根据作业需要	
2	接线标识标签		张	根据作业需要	
3	封印		个	根据作业需要	
4	绝缘胶带		卷	根据作业需要	

续表

序号	名称	型号及规格	单位	数量	备注
5	绝缘套管		套	根据作业需要	
6	轧带		袋	根据作业需要	
7	绝缘导线		卷	根据作业需要	
8	号码管		个	根据作业需要	
9	试验接线盒		个	根据作业需要	
10	RS－485 通信线		m	根据作业需要	

4.2　工器具和仪器仪表见表7－2。

表7－2　工器具和仪器仪表

序号	名称	型号及规格	单位	数量	备注
1	螺丝刀组合		套	1	
2	电动螺丝刀		套	1	
3	电能表现场校验仪		台	根据作业需要	
4	钢丝钳		把	1	
5	斜口钳		把	1	
6	尖嘴钳		把	1	
7	剥线钳		把	1	
8	低压验电笔		个	1	
9	钳形电流表		个	1	
10	双钳相位伏安表		台	1	
11	手电筒		只	根据作业需要	

5　工作流程

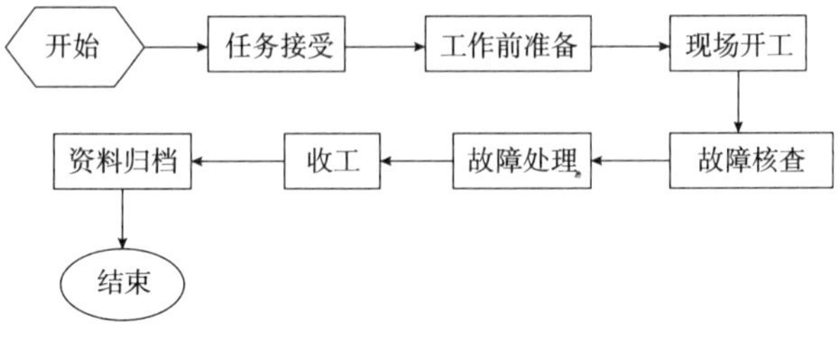

5.1　故障核查。

5.1.1　根据故障处理工作单核对用户信息、电能表铭牌参数等内容，确认故障计量装置位置。

5.1.2　电能表故障核查。

5.1.2.1　核查电能表外观是否有破损、烧毁痕迹，封印是否完好，有异常现象拍照取证。

5.1.2.2　核查电能表显示屏显示是否完整，有无黑屏等故障。

5.1.2.3　按键检查电能表时钟、时段、电压、电流、相序、功率、功率因数等信息是否正常。

5.1.2.4 用钳形万用表测量电能表电压、电流后，用现场校验仪核查电能表接线，并进行误差校验，确认电能表误差在合格范围内。

5.1.2.5 确定故障类型，拍照取证。

5.1.3 核查二次线是否有破损、烧毁痕迹；电压二次回路带熔断器的，应核查熔断器是否正常；确定故障类型，拍照取证。

5.1.4 判断为电压互感器故障的，与用户协商停电时间，待停电后再核查电压互感器；确定故障类型，拍照取证。

5.1.5 判断为电流互感器故障的，与用户协商停电时间，待停电后再核查电流互感器；停电前记录一、二次电流值，测算电流互感器实际电流变比与电流互感器铭牌、资料中记录的变比是否相符；停电后，核查电流互感器外壳有无破损、二次接线端头有无烧毁情况；确定故障类型，拍照取证。

5.2 故障处理。

5.2.1 电能表故障处理前，应告知用户故障原因，并抄录电能表当前各项读数，请客户认可。

5.2.2 二次回路故障处理前，应告知用户故障原因，并抄录电能表当前各项读数，请客户认可。

5.2.3 更换电压互感器(高压熔断器)前，应告知相关方故障原因，并抄录电能表当前各项读数，请相关方认可。

5.2.4 更换电流互感器前，应告知相关方故障原因，并抄录电能表当前各项读数，记录电流互感器变比，请相关方认可。

5.2.5 现场通电检查前，应会同用户一起记录故障处理后的电能表各项读数，并核对。

5.2.6 检查电能计量装置是否已恢复正常运行状态。具备误差校验条件的，应用电能表现场校验仪进行误差校验。

5.2.7 故障处理后，应对电能表、试验接线盒加封，并在故障处理工作单上记录。

5.3 现场作业完毕，工作班成员应清点工器具并清理现场，做到工完料净场地清。

5.4 记录好电能计量装置故障现象，履行用户签字认可手续，作为退补电量的依据。

模块三　电量更正计算

项目一　列写计量功率表达式

1　项目简介

根据三相三线电能表的接线方式和向量图列写功率表达式。

2　操作步骤

根据电能表的实际接线，绘制向量图。

从图 7－7 中可以看出，第一元件 TA_1 电流线圈按图示极性串联于 A 相电路，电压线圈首端(标有黑点端即发电机端)接到 A 相，另一端(尾端无星号端)接到 B 相；第二元件 TA_2 同样按图示极性串联于 C 相中，电压线圈首端(带黑点端钮)接于 C 相，另一端(尾端)也接到 B 相。在此 B 相称为“公共相”或称“自由相”。根据图 7－7 可作出如图 7－8 所示的相应向量关系。由向量可以说明三相有功电度表的接线原理。

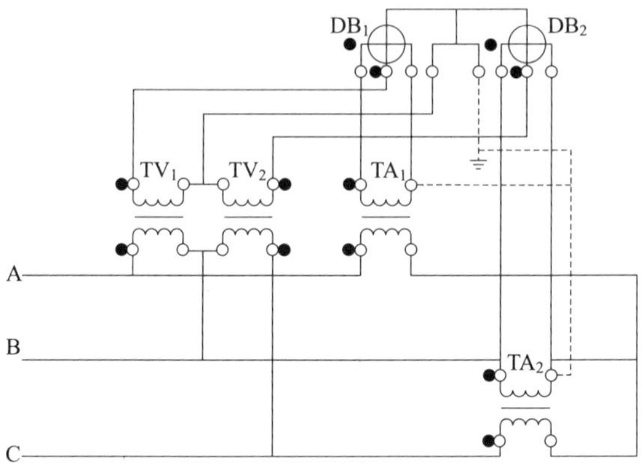

图 7－7　三相三线有功电能计量接线图

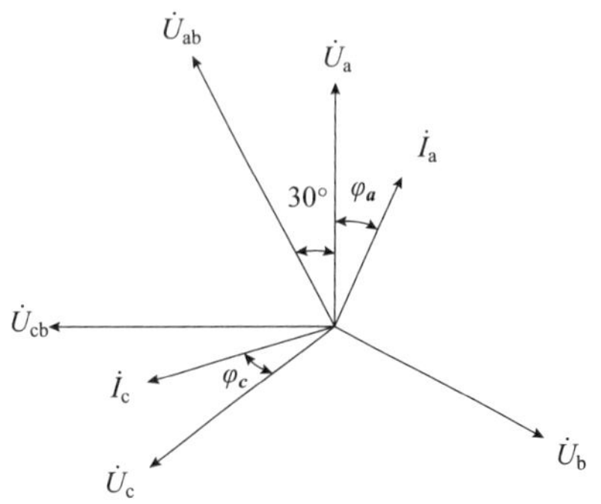

图 7－8　三相三线有功电能计量向量图

从图 7－8 可以看出三相三线有功电度表两个元件所反映的瞬时功率分别为：

一元件所测的瞬时功率为：

$$p_1 = U_{ab} \cdot i_a = (U_a - U_b) i_a$$

第二元件所测的瞬时功率为：

$$p_2 = U_{cb} \cdot i_c = (U_c - U_b) i_c$$

设两元件瞬时功率之和为 p，则：

$$p = p_1 + p_2 = U_a \cdot i_a + U_c \cdot i_c - U_b (i_a + i_c) \quad (7-3)$$

因为在三相三线电路中各相电流瞬时值之和为零，即：

$$i_a + i_b + i_c = 0$$

于是

$$i_a + i_c = -i_b$$

代入式(7－1)，则得：

$$p = p_1 + p_2 = U_a \cdot i_a + U_b \cdot i_b + U_c \cdot i_c \tag{7-4}$$

由以上分析可以看出，不管电压是否对称，负载是否平衡，这种接线方法完全可以正确反映三相三线有功功率。

如果用有效值表示的话，根据向量图7－8可知电度表两个元件所测得的电能（以功率表示）分别为：

第一元件所测得的功率为：

$$p_1 = U_{AB} \cdot I_A \cos(\dot{U}_{AB}, \dot{I}_A) = U_{AB} \cdot I_A \cdot \cos(30° + \varphi_A)$$

第二元件所测得的功率为：

$$p_2 = U_{cB} \cdot I_c \cos(\dot{U}_{cB}, \dot{I}_c) = U_{cB} \cdot I_c \cdot \cos(30° - \varphi_A)$$

两元件所测功率之和为：

$$p = p_1 + p_2 = U_{AB} \cdot I_A \cdot \cos(30° + \varphi_A) + U_{cB} \cdot I_c \cdot \cos(30° - \varphi_A)$$

当三相系统完全对称时，则有

$$U_{AB} = U_{BC} = U_{CA} = U;$$

$$I_A = I_B = I_C = I;$$

$$\varphi_A = \varphi_B = \varphi_C = \varphi$$

因此两个元件测量的总功率又可写为：

$$p = p_1 + p_2 = UI\cos(30° + \varphi) + UI\cos(30° - \varphi) = \sqrt{3}UI\cos\varphi \tag{7-5}$$

式（7－3）乘以用电时间即为三相电路有功电能。

项目二　电能计量装置综合误差计算

电能计量装置的综合误差是电能表误差、互感器合成误差、电压互感器二次压降误差三者的代数和，统称为综合误差。综合误差能够全面反映出电能计量装置的准确程度。电能计量装置的误差超出规定的范围，在计算退补电量时，大多只是以电能表的误差为基础进行计算，这样的计算并不准确，因而应以电能计量装置的综合误差为基础进行电量退补的计算才更准确、合理、公平。

1　电能计量装置综合误差测量

1.1　电能表误差采用。

电能表的误差可直接采用准确度等级符合要求的现场校验仪检验的误差结果，也可采用经计量室标准检定装置检定的结果，选用其基本误差中负载额定电流及功率因数与现场实际负荷相符或接近的负载点的误差值。

1.2　互感器合成误差的计算。

采用互感器现场校验仪测量的互感器比差、角差值或者互感器检定结果中与实际负荷及功率因数相符情况下的比差、角差值，计算出互感器的合成误差。

1.3　电压互感器二次压降误差的采用。

电压互感器二次压降误差，可直接采用准确度等级符合要求、测量量值可靠的电压互感器二次压降测量仪所测量的二次压降合成误差或根据测量的压降值计算出的合成误差。

$$\varepsilon\Delta U = \sqrt{f^2 + (0.0291\delta)^2} \tag{7-6}$$

式中，$\varepsilon\Delta U$ 为二次回路压降引起的误差，%；f 为同相分量，%；δ 为正交分量，（′）。

2　电能计量装置综合误差的计算

$$\gamma = \gamma_h + \gamma_d + \gamma_e \quad (7-7)$$

式中，γ 为电能计量装置综合误差；γ_h 为电流、电压互感器合成误差；γ_d 为电压互感器二次引线压降误差；γ_e 为电能表的误差。

2.1　三相二元件(三相三线)电能计量装置综合误差的计算。

$$\gamma_h = 0.5(f_{I1}+f_{I2}+f_{V1}+f_{V2}) + 0.0084[(\delta_{I1}-\delta_{V1})-(\delta_{I2}-\delta_{V2})] + 0.289[(f_{I2}+f_{V2})-(f_{I1}+f_{V1})]\tan\varphi + 0.0145[(\delta_{I1}-\delta_{V1})+(\delta_{I2}-\delta_{V2})]\tan\varphi(\%) \quad (7-8)$$

$$\gamma_d = 0.5(f_1+f_2) + 0.0084(\delta_2-\delta_1) + 0.289(f_2-f_1)\tan\varphi - 0.0145(\delta_2+\delta_1)\tan\varphi(\%) \quad (7-9)$$

式中，f_{I1} 和 δ_{I1} 为第一元件电流互感器的误差；f_{V1} 和 δ_{V1} 为第一元件电压互感器的误差；f_{I2} 和 δ_{I2} 为第二元件电流互感器的误差；f_{V2} 和 δ_{V2} 为第二元件电压互感器的误差；φ 为功率因数角；f_1 和 δ_1 为第一元件电压互感器二次引线压降误差；f_2 和 δ_2 为第二元件电压互感器二次引线压降误差。

在中性点非有效接地系统中，有时使用三台接地电压互感器做 Y－Y 连接。这时需要把电压互感器的相电压误差换算为线电压误差。计算公式如下：

$$f_{ab} = (f_a+f_b)/2 + 0.0084(\delta_a-\delta_b)(\%) \quad (7-10)$$

$$f_{cb} = (f_c+f_b)/2 + 0.0084(\delta_b-\delta_c)(\%) \quad (7-11)$$

$$\delta_{ab} = (\delta_a+\delta_b)/2 + 9.924(f_b-f_a)(\%) \quad (7-12)$$

$$\delta_{cb} = (\delta_c+\delta_b)/2 + 9.924(f_c-f_b)(\%) \quad (7-13)$$

2.2　三相三元件(三相四线)电能计量装置综合误差的计算。

这种接线用于中性点有效接地的电力系统，使用三台电流互感器、三台电压互感器和一台三元件电能表计量三相四线有功电能。这种电能计量装置的综合误差 γ 也是电流、电压互感器的合成误差 γ_h，电压互感器二次引线压降误差 γ_d，电能计量单元的误差 γ_e 的代数和。分别用式(7－14)、式(7－15)表示。

$$\gamma = \gamma_h + \gamma_d + \gamma_e \quad (7-14)$$

$$\gamma_h = \frac{1}{3(f_{I1}+f_{V1}+f_{I2}+f_{V2}+f_{I3}+f_{V3})} + 0.0097(\delta_{I1}-\delta_{V1}+\delta_{I2}-\delta_{V2}+\delta_{I3}-\delta_{V3})(\%)$$

$$\gamma_d = 1/3(f_1+f_2+f_3) - 0.0097(\delta_1+\delta_2+\delta_3)\tan\varphi(\%) \quad (7-15)$$

式中，f_{I1} 和 δ_{I1} 为第一元件电流互感器的误差；f_{V1} 和 δ_{V1} 为第一元件电压互感器的误差；f_{I2} 和 δ_{I2} 为第二元件电流互感器的误差；f_{V2} 和 δ_{V2} 为第二元件电压互感器的误差；f_{I3} 和 δ_{I3} 为第三元件电流互感器的误差；f_{V3} 和 δ_{V3} 为第三元件电压互感器的误差；φ 为功率因数角；f_1 和 δ_1 为第一元件电压互感器二次引线压降误差；f_2 和 δ_2 为第二元件电压互感器二次引线压降误差；f_3 和 δ_3 为第三元件电压互感器二次引线压降误差。

项目三　更正系数计算

电能表错误接线给电能计量带来很大的计量误差，因此在进行电费结算时就必须要进行电量的更正。通过对错误接线的向量分析，判定实际的接线方式，推导出电能表错误接线时所计量的电能(功率)占正确计量电能的百分比，从而得出实际电能值，最终使差错电量得以退、补，确保供用电双方的公平交易。

1　错误接线更正系数

电量的更正是基于对错误接线和向量图的正确分析。因此，当发现错误接线后，应如实地绘出错误接线向量图和错误接线图，同时进行功率因数测定(也可根据有功电能和无功电能计算平均功率因数)，了解错误接线发生的时间，这些都是进行更正计算的重要条件。更正系数 K 是在同一功率因数下，电能表正确接线应计量的电能值 W 与错误接线时电能表所计量的电能值 W'之比，即

$$K=\frac{W}{W'} \tag{7-16}$$

设正确计量时功率为 P，错误计量时功率为 P'，发生错误接线的时间为 t，则 $W=Pt$，$W'=P't$。代入式(7-16)得

$$K=\frac{pt}{P't}=\frac{P}{P'} \tag{7-17}$$

即更正系数也等于电能表正确接线时的功率 P 与错误接线时的功率 P'之比。求出更正系数 K 可以用以下两种方法。

1.1　测试法。

先读出并记录错误接线时电能表计量的功率 P'，再记录错误接线更正后电能表所计量的正确功率 P，代入式(7-17)得更正系数为

$$K=\frac{P}{P'} \tag{7-18}$$

1.2　计算法。

先求出错误接线时的功率表达式，再利用式(7-18)算出更正系数。

$$K=\frac{\text{正确接线功率表达式}}{\text{错误接线时功率表达式}} \tag{7-19}$$

错误接线时电能表所记录的功率可先按元件计算，每一元件实际所接电压、电流及电压与电流间夹角的余弦的乘积即为该元件的功率，再将两元件功率相加就可得到总的功率，即

$$P'=P_1'+P_2'=U_1I_1\cos\phi_1+U_2I_2\cos\phi_2 \tag{7-20}$$

需要注意的是，若有的元件电流流入的是反相电流，即 $-\dot{I}_a$、$-\dot{I}_b$ 或 $-\dot{I}_c$ 时，其负号不参与运算，该元件功率的正负仅取决于元件电压电流间夹角的余弦值。

2　差错电量的退、补

从式(7-14)可看出 $W=K\times W'$，它表示更正系数 K 乘以错误接线时电能表所计量电能即实际电能，这样应退、补的电量 ΔW 就是实际电能值与错误接线时电能表所计电能值之差，即

$$\Delta W=W-W' \tag{7-21}$$

计算结果，当 ΔW 为正值，表示电能表少计了电量；当 ΔW 为负值，表示电能表多计了电量，为应退还用户的电量。要注意，若电能表在错误接线时反转，则所计电量应取负值。

单元八　电能计量器具检定

模块一　电能表检定

项目一　单相电能表检定

1　项目简介

依据 JJG 596—2012 对单相电子式电能表进行检定。

2　操作前准备

2.1　穿戴合格、齐备的劳动防护用品。

2.2　填写派工单，召开班前会。

2.3　准备安全用具，包括螺丝刀若干、验电笔两支。

2.4　检查实验室环境条件是否符合规程要求。

2.5　检查检定装置是否符合要求。

2.6　核对待检品信息等。

3　操作步骤

3.1　电能表外观检查。

电子式交流电能表外观检查有下列缺陷之一的判定为外观不合格：标志不符合要求；铭牌字迹不清楚，或经过日照后已无法辨别，影响到日后的读数或计量检定；内部有杂物；计度器显示不清晰，字轮式计度器上的数字约有 1/5 高度以上被字窗遮盖；液晶或数码显示器缺少笔画、断码；指示灯不亮等；表壳损坏，视窗模糊和固定不牢或破裂；电能表基本功能不正常；封印破坏。

3.2　交流电压试验(只适用于电能表首次检定)。

3.2.1　按表 8－1 选择试验点，试验电压应在 5～10s 内由零升到规定值，保持 1min，随后以同样速度将试验电压降到零。

表 8－1　电能表耐压试验电压要求

试验电压(方均根)		试验电压施加点
Ⅰ类防护电能表	Ⅱ类防护电能表	
2kV	4kV	对于互感器接入式的电能表，所有的电流线路和电压线路以及参比电压超过 40V 的辅助线路连接在一起为一点，另一点是地(表壳的接地螺钉或紧固螺钉、紧靠表底的金属平板)，试验电压施加于该两点间
2kV	2kV	对于互感器接入式的电能表，应增加不相连接的电压线路与电流线路间的试验

3.2.2　设定漏电流截断值5mA。

3.2.3　连接被测物件，用高压测试棒将高压输出端与被测物连接，用连接导线将被测物与仪器工作接地端相连。

3.2.4　打开电源开关。

3.2.5　按启动按钮，测试指示灯亮。

3.2.6　顺时针旋转电压调节旋钮，调节到表8－1要求的电压值，然后按下复位按钮，切断电压输出。

3.2.7　设定检测时间为1min。

3.2.8　再按下启动按钮，进入测试状态。

3.2.9　测试完毕，作好记录。

3.2.10　试验结束，收拾整理好现场。

3.3　检定装置接线。

3.3.1　根据电能表的实际情况选择台体上的电流压接头，确保接头和底座紧固接触，连接良好。

3.3.2　选择电能表参数完全一致或仅电能常数不同的电能表，再根据实际情况对电能表接线端子进行紧固或松动，保证和装置上电流端子接触良好。

3.3.3　根据电能表大小调整挂表座尺寸，把电能表放入挂表座进行压接，确保电能表接入时压接可靠。

3.3.4　正确连接电压线和脉冲线。

3.4　检定系统操作。

包括潜动试验、起动试验、基本误差试验、仪表常数试验和时钟日记时误差。

3.4.1　打开电脑和检定装置电源，双击桌面上图标启动应用软件，通过输入用户名信息进入检定系统。

3.4.2　在主控页面(图8－1)下点击“选表”按钮，进入挂表状态设置窗口，根据实际挂表情况选择挂表位，点击“确定”按钮退出(图8－2)。

3.4.3　点击主控页面的“参数”按钮，进入“电能表参数编辑窗口”(图8－3)，根据被检表实际情况设置电压、电流、等级、电能表的类别、校验方案，并同时输入各被检表的编号、电能常数、规格型号、送检单位、通信参数等电能表信息。在此页面下可点鼠标右键根据提示选择录入参数方式、编辑显示内容等。

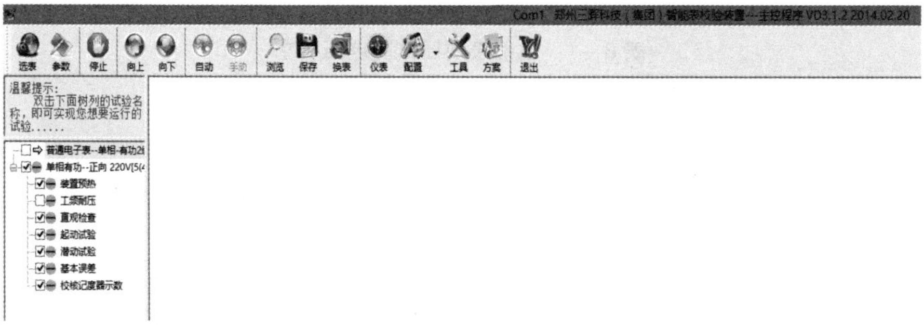

图8－1　主控页面

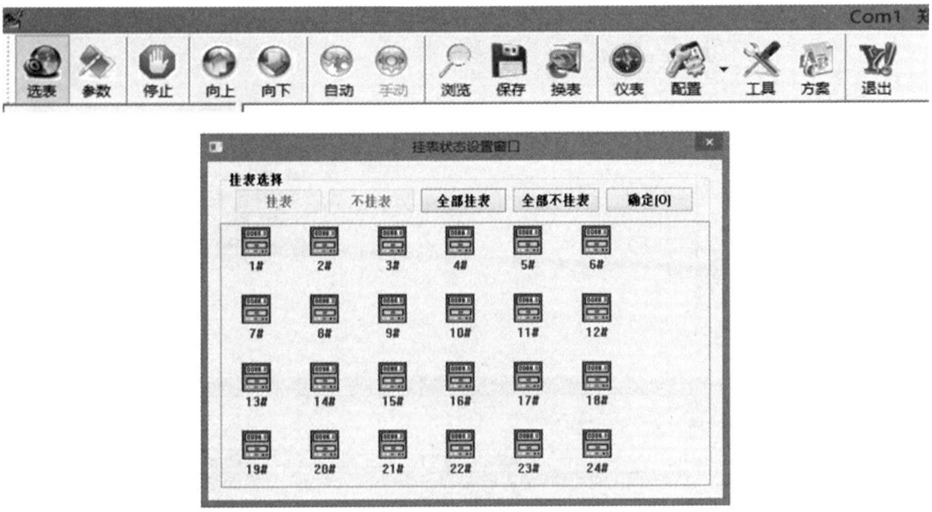

图 8－2　选表、挂表窗口

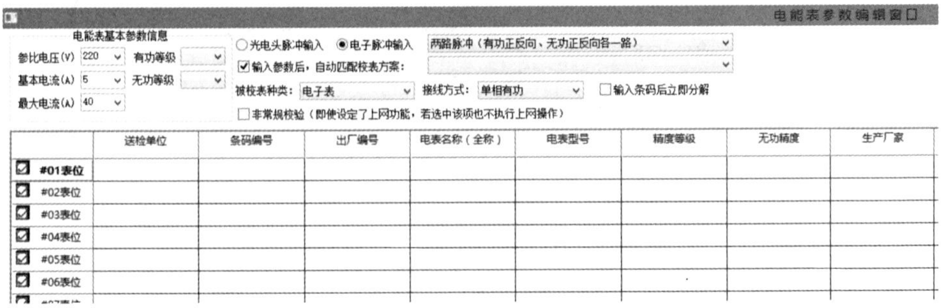

图 8－3　电能表参数编辑窗口

3.4.4　在主控页面下，根据规程要求和电能表实际情况，可选择“自动”或“手动”(图 8－4)试验方式。双击某项试验或试验树开始依次进行各项试验。在自动试验过程中需要手动协助跳过误差测试时的不合格点，才能继续下行。

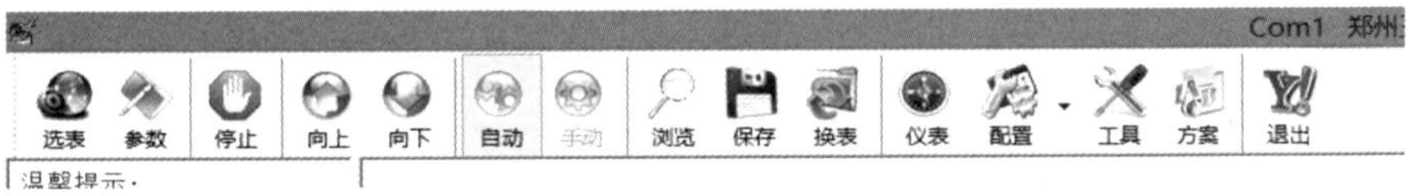

图 8－4　自动、手动选择

3.4.5　所有试验完成后，查看无误，点击“保存”按钮，将数据保存到数据库。如果试验尚未全部完成，需要停止工作，不要点击“保存”按钮，直接退出程序，待下次继续各项试验全部完成再保存。

3.4.6　数据保存后，点击“工具”按钮选择“数据查询”，弹出用户签名窗口，进行用户签名后，进入“数据管理程序”页面，通过“电能表信息查找窗口”进行查询条件选择后，点击“执行查询”按钮可以进行数据查询(图 8－5)。

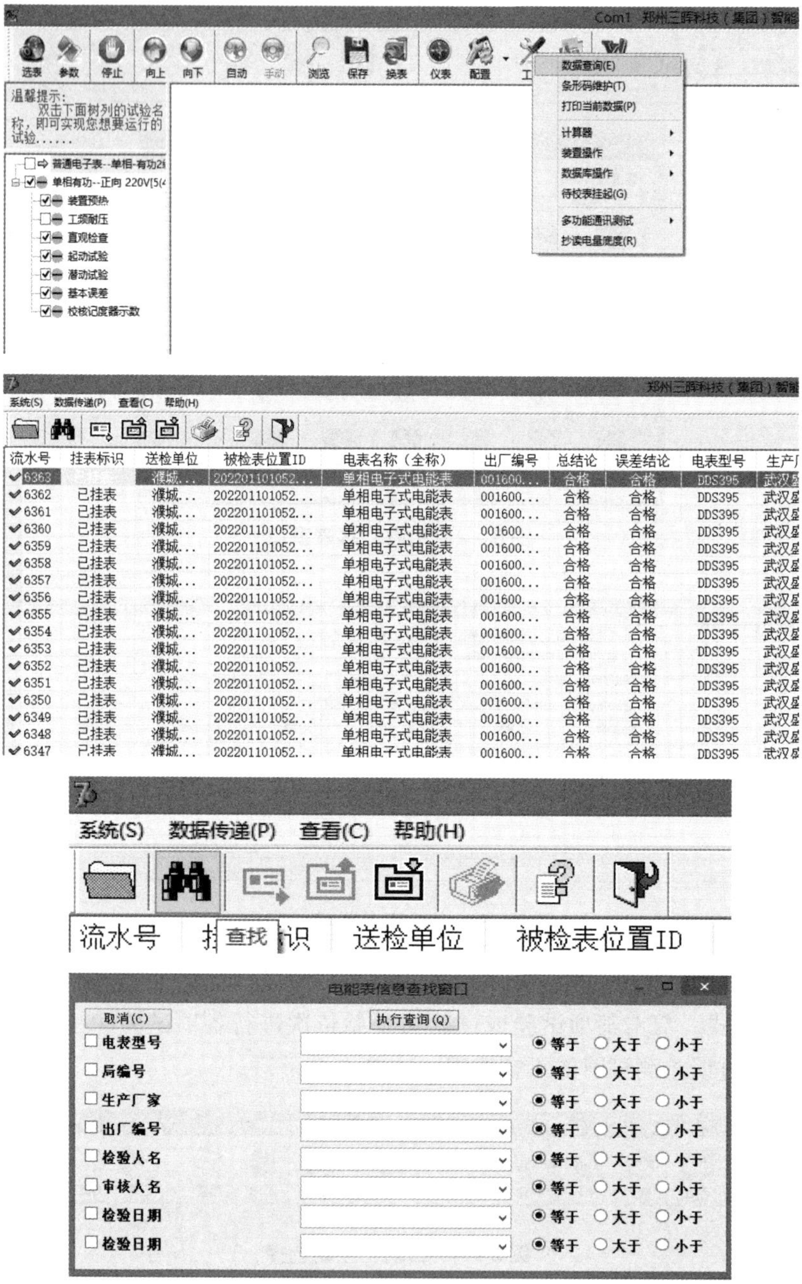

图8－5　数据查询

3.5　打印证书和原始记录。

检定合格的电能表，出具检定证书或检定合格证；检定不合格的电能表出具检定结果通知书。点击主控页面菜单栏“工具”按钮下拉菜单，点击“数据查询”进入数据管理程序选择要打印的电能表，点击“打印”按钮，进入模板打印窗口，从左侧窗口选择要打印的模板，从右侧窗口选择打印的电能表，点击“全部打印”按钮进行打印(图8－6)。

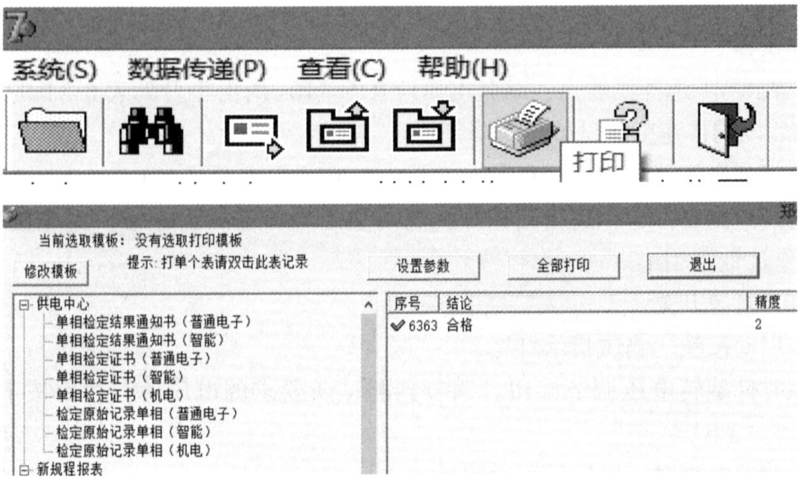

图8－6　打印报表

3.6　工作结束。

3.6.1　当工作全部结束时，关闭台体和电脑电源。

3.6.2　拆除已经检定好的电能表，将表接线盖装好。

3.6.3　清理工作现场，断开电源总开关。

4　操作要点

4.1　在对电能表进行各项试验过程中，出现某表位跳闸现象时，通过重新选择表位可进行复位。

4.2　待问题处理后，才能再次进行操作。

5　安全注意事项

5.1　接好被校表后，要仔细检查电流接线、电压接线和电能脉冲接线，是否连接正确。接线不能有接错和相互碰触的地方。

5.2　做耐压试验时，操作人员必须戴绝缘手套、脚下垫绝缘橡皮垫，有良好的安全接地。仪器使用后，电压调节钮应逆时针旋转到底，仪器使用前，应确保处于复位状态。

5.3　定期检查检定装置及耐电压测试仪接地是否良好，漏电保护是否完好。

5.4　电动工具要确保绝缘良好，使用完毕要关闭电源，以免出现伤人情况。

6　应急事件预防及处置

6.1　在有紧急情况出现时，迅速按挂表架上的急停按钮关停装置电源。

6.2　采取应急和预防措施，避免出现人身或设备事件。

项目二　交流电压试验

1　项目简介

依据检定规程对待检品进行交流电压试验。

2　操作前准备

2.1　穿戴合格、齐备的劳动防护用品。

2.2　召开班前会，填写派工单。

2.3 准备安全用具，包括绝缘手套一副、螺丝刀若干。

3 操作步骤

3.1 按表8-1选择试验点，试验电压应在5~10s内由零升到表8-1的规定值，保持1min，随后以同样速度将试验电压降到零。

3.2 设定漏电流截断值。

3.3 连接被测物件，用高压测试棒将高压输出端与被测物连接，用连接导线将被测物与仪器工作接地端相连。

3.4 打开电源开关。

3.5 按启动按钮，测试指示灯亮。

3.6 顺时针旋转电压调节旋钮，调节到测试所要求的电压值，然后按下复位按钮，切断电压输出。

3.7 调节定时拨盘，设定检测时间。

3.8 再按下启动按钮，进入测试状态。

3.9 测试完毕，作好记录。

3.10 如需要连续检测，在仪器处于复位状态下，再连接下一个被测件，即可继续启动测试。

3.11 试验结束，收拾整理好现场。

4 安全注意事项

4.1 做耐压试验时，操作人员必须戴绝缘手套、脚下垫绝缘橡皮垫，有良好的安全接地。

4.2 试验中，电能表不应出现闪络、破坏性放电或击穿；试验后，电能表无机械损坏，电能表应能正确工作。

4.3 在试验区域加设围栏，外侧悬挂“止步，高压危险!”标示牌，防止无关人员进入。

4.4 加强监护，任何人不得随意进入工作场所。

模块二　电能表编程

项目一　多功能电能表通信协议数据标识

1　数据标识编码

数据标识编码用四个字节区分不同数据项，四字节分别用 DI_3、DI_2、DI_1 和 DI_0 代表，每字节采用十六进制编码。数据类型分为七类：电能量、最大需量及发生时间、变量、事件记录、参变量、冻结量、负荷记录。

DI_3	DI_2	DI_1	DI_0

在设置电能按键显示项和循环显示项的时候，需要查找数据标识编码。可以在中华人民共和国电力行业标准《多功能电能表通信协议》(DL/T 645—2007)里查找。如：正向有功总电能的数据标识编码就是00010000，正向有功尖峰电能的数据标识编码就是00010100。见表8－2。

表8－2　数据标识编码表

数据标识				数据格式	数据长度（字节）	单位	功能		数据项名称
DI_3	DI_2	DI_1	DI_0				读	写	
00	00	00 01 … 3F FF	00	XXXXXX. XX	4	kW·h	*		(当前)组合有功总电能 (当前)组合有功费率1电能 … (当前)组合有功费率63电能 (当前)组合有功电能数据块
00	01	00 01 … 3F FF	00	XXXXXX. XX	4	kW·h	*		(当前)正向有功总电能 (当前)正向有功费率1电能 … (当前)正向有功费率63电能 (当前)正向有功电能数据块
00	02	00 01 … 3F FF	00	XXXXXX. XX	4	kW·h	*		(当前)反向有功总电能 (当前)反向有功费率1电能 … (当前)反向有功费率63电能 (当前)反向有功电能数据块
00	03	00 01 … 3F FF	00	XXXXXX. XX	4	kvarh	*		(当前)组合无功1总电能 (当前)组合无功1费率1电能 … (当前)组合无功1费率63电能 (当前)组合无功1电能数据块
00	04	00 01 … 3F FF	00	XXXXXX. XX	4	kvarh	*		(当前)组合无功2总电能 (当前)组合无功2费率1电能 … (当前)组合无功2费率63电能 (当前)组合无功2电能数据块

续表

数据标识				数据格式	数据长度（字节）	单位	功能		数据项名称
DI_3	DI_2	DI_1	DI_0				读	写	
00	05	00 01 … 3F FF	00	XXXXXX. XX	4	kvarh	*		（当前）第一象限无功总电能 （当前）第一象限无功费率 1 电能 … （当前）第一象限无功费率 63 电能 （当前）第一象限无功电能数据块

数据格式列中的 NNNNNNNN 为数据标识，逗号后的 × × 标识该数据项在此数据标识中的序号：如：本月正向有功最大需量和本月正向有功发生时间是同一个数据标识（01010000），本月正向有功最大需量序号是 0，本月正向有功最大需量发生时间的序号为 1。本月正向有功最大需量的显示代码可以设置成：01010000 00，本月正向有功最大需量发生时间可以设置成 01010000 01。

2 数据格式说明

XXXXXX. XX 代表计量值或存储值的整数位和小数位；NNNNNN. NN 代表设定值的整数位和小数位；YY 代表年；MM 代表月；DD 代表日；WW 代表星期；hh 代表时；mm 代表分；ss 代表秒；未特殊说明均以两位十进制数表示。

项目二 多功能电能表参数设置

1 项目简介

设置威胜集团有限公司多功能电能表通信参数及显示项。

2 操作前准备

准备设置参数所需的笔记本电脑、设置软件、USB 转 RS422/RS－485 数据线、应急电源、螺丝刀等。

3 操作步骤

3.1 连接电能表。

将数据线的 USB 插头插入笔记本电脑的 USB 端口，数据线的 RS－485 接线端子通过导线和电能表的 RS－485 端子连接。

打开威胜费控电能表参数管理软件，在弹出的“系统登录”窗口里选择数据库和操作员，点击确定进入“读写参数”界面。点击“读写参数”进入主菜单，点击“表计协议”。

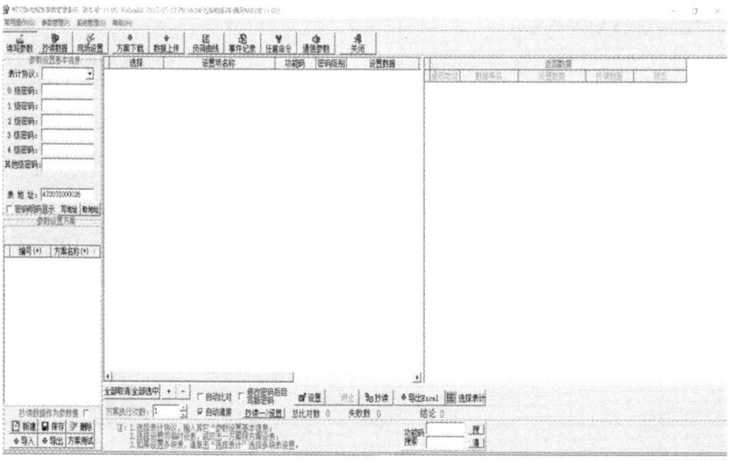

在主菜单“表计协议”下拉菜单里选择被设置电能表的通信协议，输入电能表地址。

通信协议选择完成后，点击界面上方的“通信参数”键。

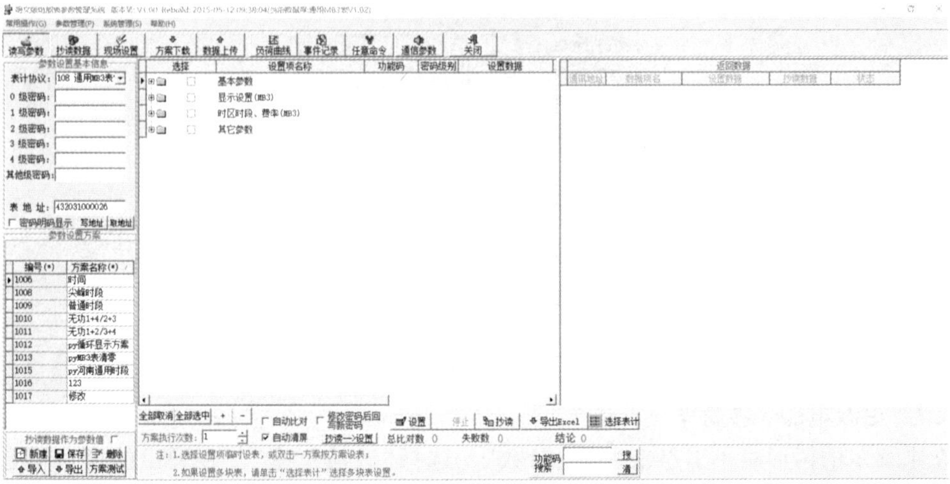

在弹出的“设置通信端口参数”窗口里，选择串口号（串口号是电脑分配给 USB 转 RS422/RS－485 数据线的串口，可以在电脑的设备管理器中查看）和波特率。参数选择正确后，点击自检键或者测试键完成电能表与笔记本电脑的连接。

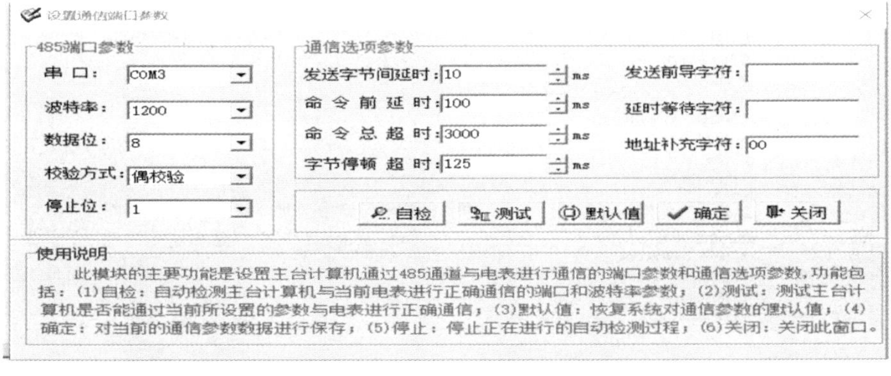

如果电能表不能正常连接，请按照弹出的系统提示，逐项进行检查。

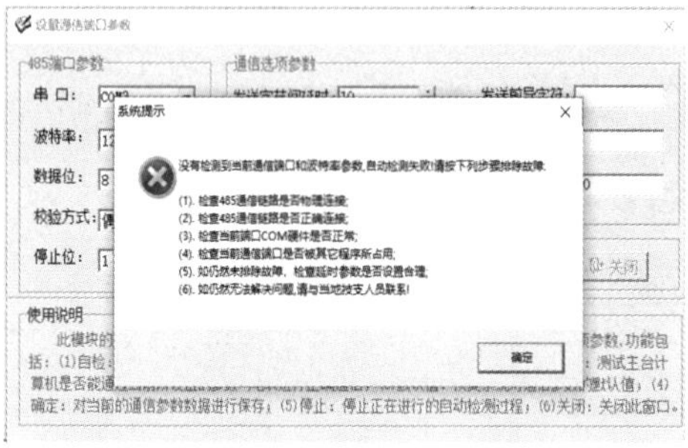

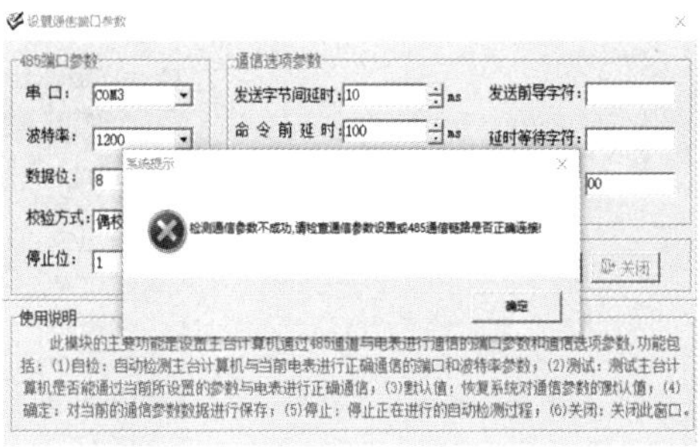

3.2　更改电能表地址。

电能表通信正常后，在主菜单的“表地址”栏输入需要设置的电能表通信地址后，点击“写地址”键，就可以完成电能表通信地址修改。

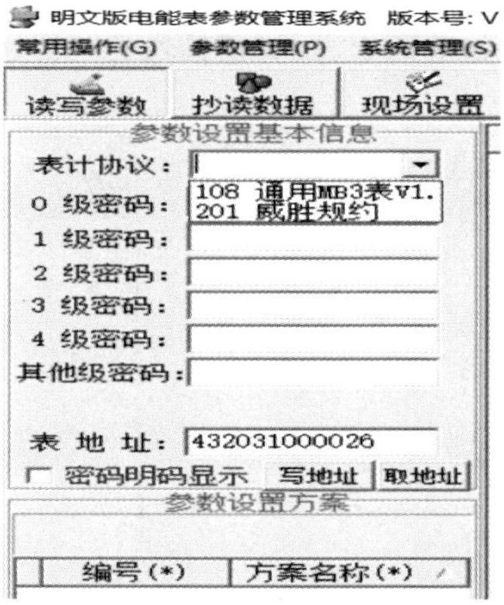

3.3　更改电能表波特率。

在主菜单的树形菜单里点击“其他参数”，选择“改波特率”，在弹出的窗口里选择需要设置的“电能表波特率”，点击“确定”键。输入正确后，点击主菜单下部的“设置”键，完成电能表波特率设置。

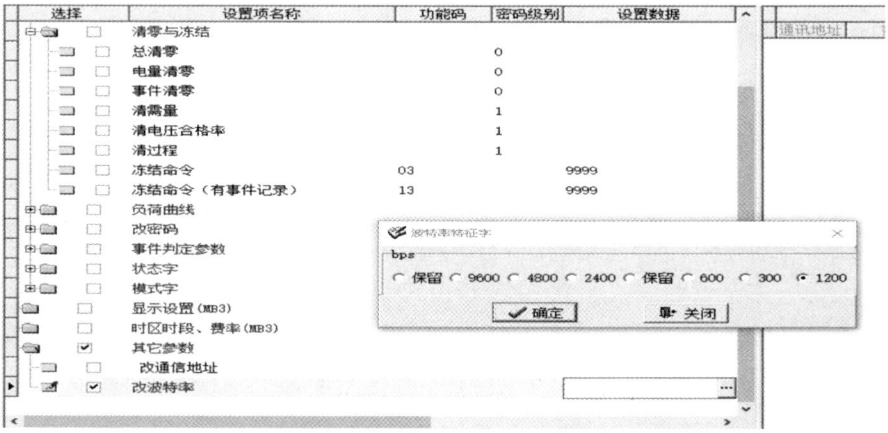

3.4　设置电能表工作的费率时段。

在主菜单的树形菜单选中“时区时段、费率”，在对应的“设置数据”栏里输入数据。

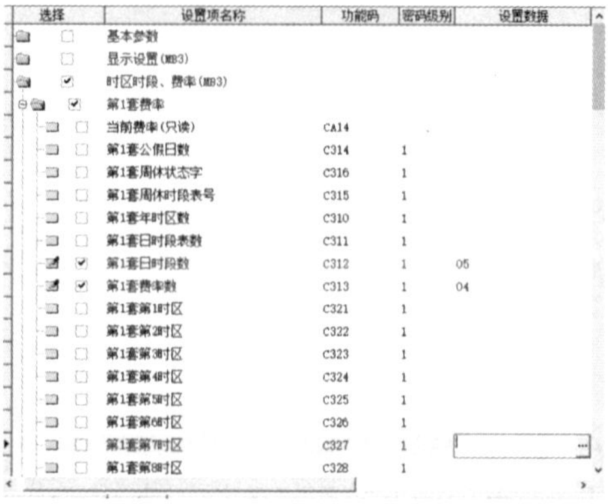

设置完时段数和费率数后，在树形菜单里选中时段设置项，在对应的“设置数据”栏里输入时分费率数据，此数据为 3 字节数据(hhmmNN)，第一字节为小时、第二字节为分钟、第三字节为费率号(1－尖峰、2－峰、3－平、4－谷)。输入正确后，点击主菜单下部的“设置”键，完成费率时段设置。

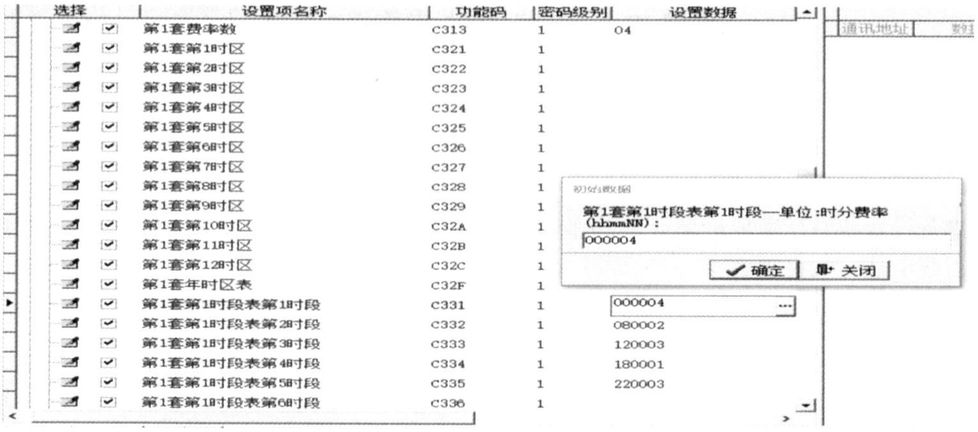

3.5　电能表显示数据项设置。

在进行电能表显示数据项设置前，需要制定循环显示方案。在主菜单下部的“参数设置方案”里点击“新建”，在新建编号对应的“方案名称”栏里输入需要制定的方案名称。

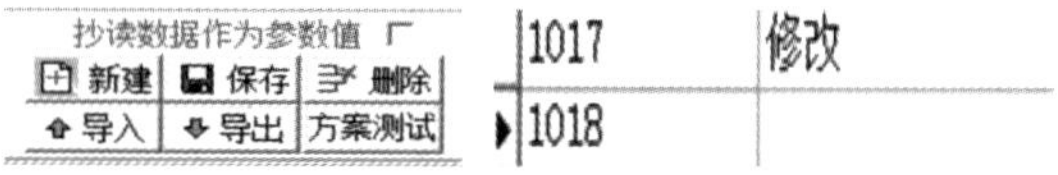

建立完成，双击编号，在右侧的树形菜单里选择“显示设置”及显示项，在各显示项对应的“设置数据”栏里输入数据标识编号和数据标识(数据标识见多功能电能表通信协议)。输入正确后点击“保存”，完成循环显示方案制定，在下次设表时可以直接双击已建立好的方案，点击“设置”键，对电能表进行循环显示设置。

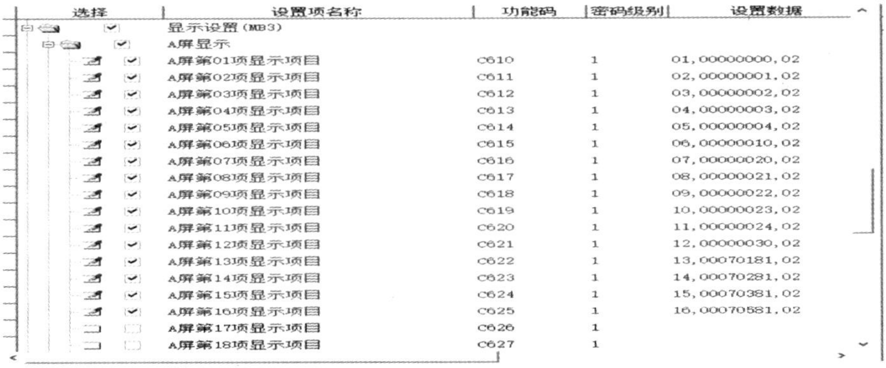

4 操作要点

4.1 电能表波特率修改后，电能表与笔记本的通信马上中断，如果需要进行其他项设置，必须重新连接电能表，在“设置通信参数”窗口里选择和电能表内实际波特率相同的波特率进行连接。

4.2 电能表费率时段设置和循环显示设置等都可以先建立设置方案，在下次设表时，直接点击方案进行快速设置。

项目三 智能电能表参数设置

1 项目简介

设置智能电能表通信参数及显示项(以烟台东方威思顿智能电能表维护软件为例)。

2 操作前准备

准备设置参数所需要的笔记本电脑、电能表维护软件、USB 转 RS422/RS－485 数据线、应急电源、螺丝刀等。

3 操作步骤

3.1 连接电能表。

将数据线的 USB 插头插入笔记本电脑的 USB 端口，数据线的 RS－485 接线端子通过导线和电能表的 RS－485 端子连接。打开电能表维护软件，在主菜单的工具栏里点击“连接电表”。

在弹出的窗口里选择各项通信参数。“通信速率”的选择要和被设置电能表的通信速率

一致。表号为被设置电能表实际地址的后 12 位。

串口号是电脑分配给 USB 转 RS422/RS－485 数据线的串口，可以在电脑的设备管理器中查看。

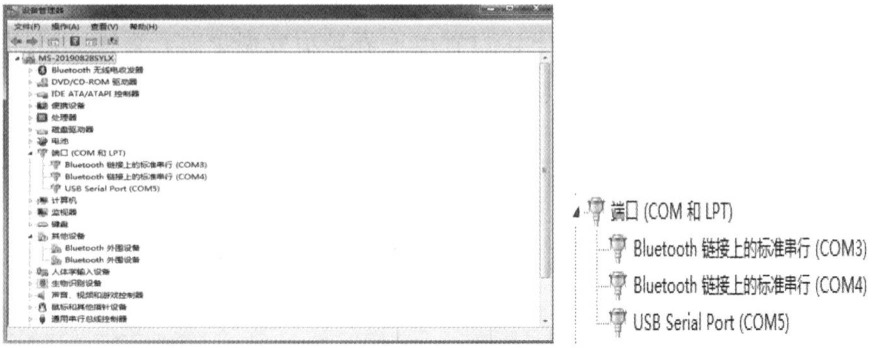

串口号、通信速率和电能表地址设置正确后，点击“设置通信参数”窗口底部的“连接电表”键，笔记本电脑与电能表通信正常。

3.2　更改电能表地址。

在主菜单的工具栏里点击“常用操作”，在下拉菜单里点击“更改通信地址”，在弹出的窗口里输入需要设置的“电能表通信地址”，点击窗口底部的“设表”键，完成电能表通信地址修改。设置完成可以通过底部的“读表”键，读出电能表通信地址，确认设置正确。

3.3　更改电能表波特率

在主菜单的工具栏里点击“常用操作”，在下拉菜单里点击“更改波特率”，在弹出的窗口里选择需要设置的电能表波特率，点击窗口底部的“设表”键，完成电能表波特率修改。

3.4　设置电能表工作的费率时段。

在主菜单的工具栏里点击“费率时段”，在弹出的“设置时段参数”窗口里，设置时段数据和费率名称(数据在下拉菜单里选择)。费率和时段选择正确后，点击窗口底部的“设表”键，完成电能表费率时段修改。

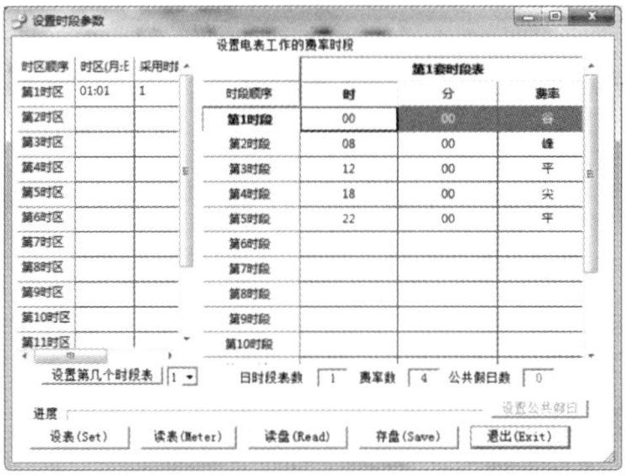 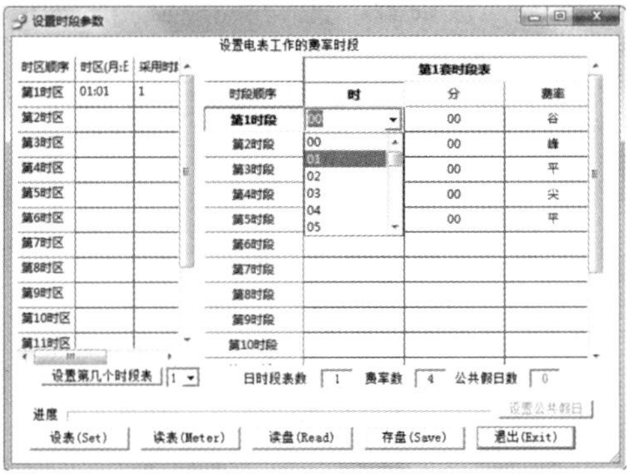

3.5　电能表显示数据项设置。

在进行电能表显示数据项设置前，需要制定循环显示方案和按键显示方案。在主菜单的工具栏里点击“循显键显”，在弹出的“显示数据项设置”窗口左侧的树形菜单里选择需要显示的项。双击数据项名称，显示项目、数据标识、子项索引就会出现在窗口左边的项目栏中，选择完成后点击“存盘(循显)”或者“存盘(键显)”，就可以将制定好的循环显示方案和按键显示方案进行保存。在下次设置电能表显示数据项时，直接点击“读盘(循显)”或者“读盘(键显)”，就可以调出保存好的循环显示方案和按键显示方案，点击“显示数据项设置”窗口底部的“设循显”或者“设键显”，完成电能表显示数据项设置。设置完成后可以点击“显示数据项设置”窗口底部的“读循显”或者“读键显”，读出电能表内的循环显示方案和按键显示方案，查看设置是否正确无误。

 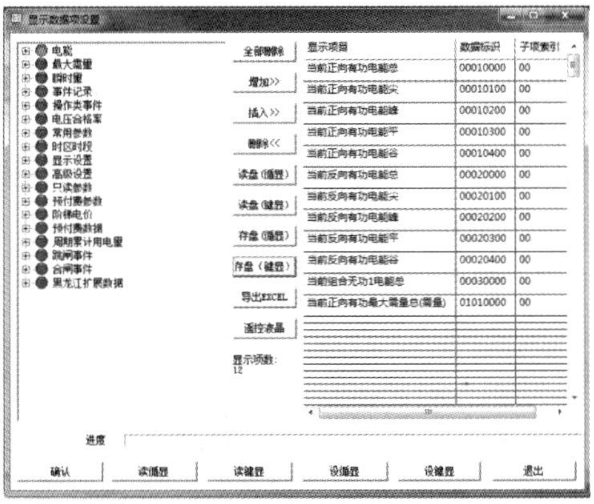

4　操作要点

4.1　电能表波特率修改后，电能表与笔记本的通信马上中断，如果需要进行其他项设置，必须重新连接电能表，在“设置通信参数”窗口里选择和电能表内实际波特率相同的波特率进行连接。

4.2　如果在设置参数过程中，出现电能表与笔记本不能连接，首先要检查“设置通信参数”窗口里，所选的波特率和输入的表号(电能表地址)是否和需要连接的电能表一致。

4.3　智能电能表的地址具有唯一性，设置时只需要设置一个 RS－485 接口的地址就可以。两路 RS－485 的波特率可以不相同，现场根据实际需要分别进行设置。

模块三　电流互感器检定

项目一　电流互感器检定装置操作

1　项目简介

HEJQ－H 型极速电流互感器检定装置操作。

2　操作前准备

2.1　穿戴合格、齐备的劳动防护用品。

2.2　填写派工单，召开班前会。

2.3　准备安全用具，包括螺丝刀若干、验电笔两支。

2.4　检查实验室环境条件是否符合检定规程要求。

2.5　检查检定装置是否符合试验要求。

3　操作步骤

3.1　依次打开台体电源总开关，校验仪开关，图 8－7 为互感器校验仪开始界面。

观察台体面板指示灯(图 8－8)，此时粗调零位显示灯与细调零位显示灯常亮，其他灯不亮，为正常。

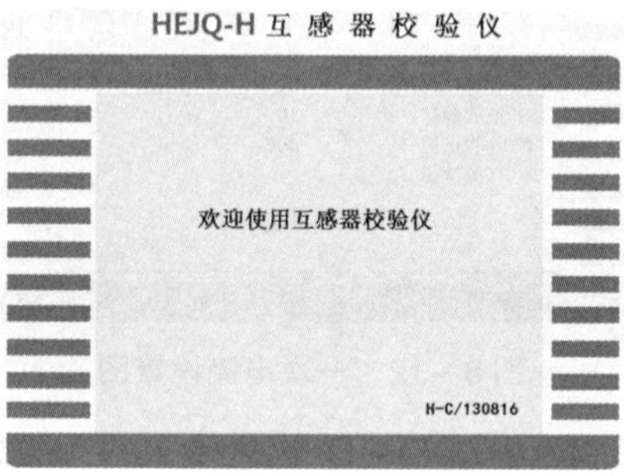

图 8－7　互感器校验仪开始界面

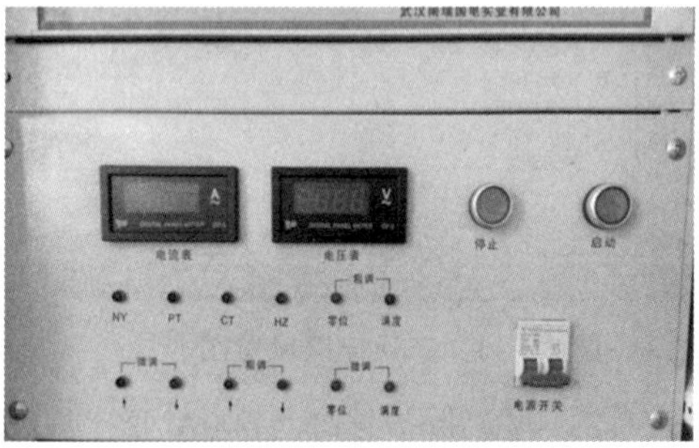

图 8－8　互感器检验仪指示灯面板

3.2　点击校验仪面板(图 8－9)“确认”键，进入互感器校验仪主菜单(图 8－10)。

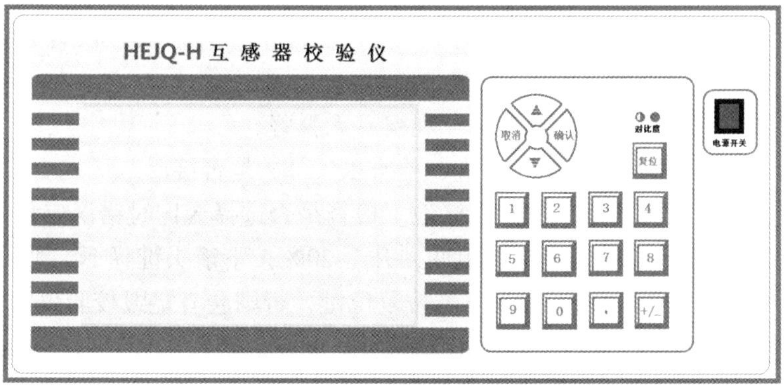

图 8－9　互感器检验仪面板

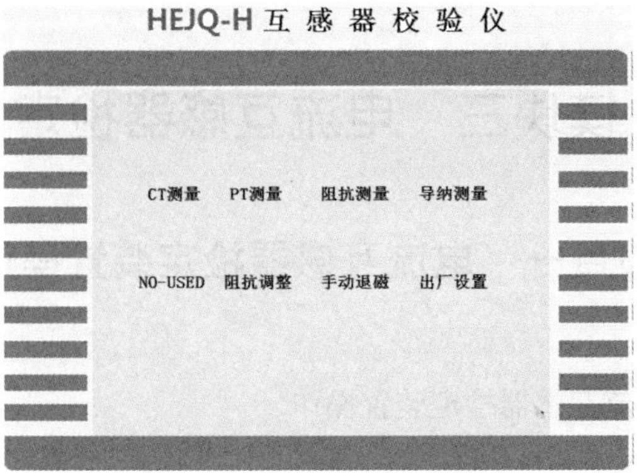

图 8－10　互感器校验仪主菜单

3.3　手动测量电流互感器。

3.3.1　设置参数。

3.3.1.1　在主菜单界面，将光标移至(按上，下键选择)CT 测量，按“确认”键，设置被测互感器的二次电流，如图 8－11 所示。

3.3.1.2　再按“确认”键，设置被测互感器的一次电流，如图 8－12 所示。

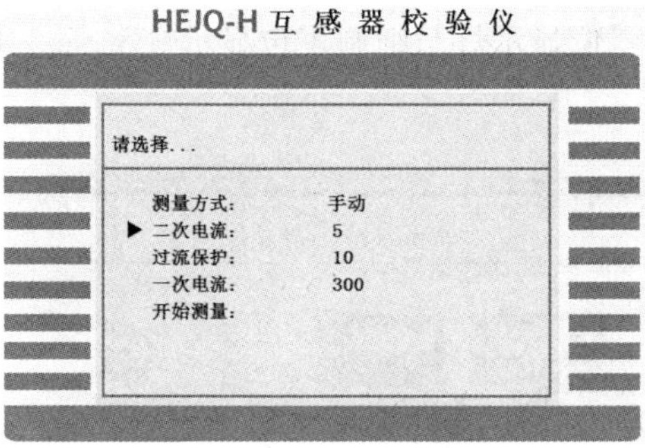

图 8－11　二次电流设置图

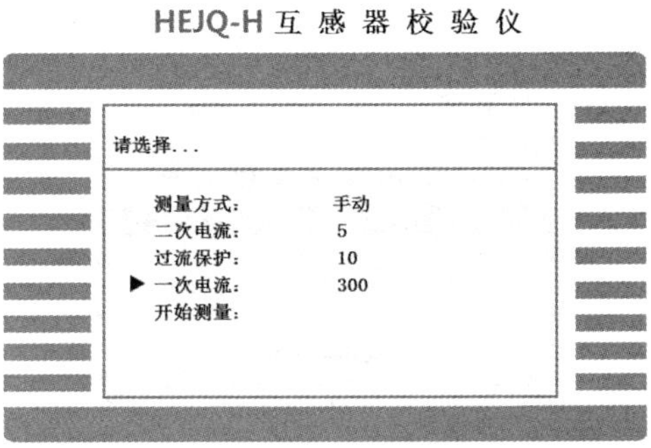

图 8－12　一次电流设置图

3.3.1.3　过流保护选择：600A 变比以下选择 10A，2000A 以下选择 20A，2000A 选择 30A。

3.3.1.4　选择完毕后，光标下移至“开始测量”，按“确认”键开始测量。

3.3.2　开始测量。

3.3.2.1　按“0”不动升细调，升至 1% 左右后停下，观察校验仪有无报警。若有报警，显示屏会显示错误类型：

接线错误：检查接线以及背板接线，观察有无脱落。

极性错误：检查互感器 P1 是否对应，检查 K1、K2 是否接反。

变比错误：检查有无接地，如无请接地。检查是否选择变比时错误或拿错互感器。

3.3.2.2　若无报警则按上箭头键粗调，升至 20% 按下箭头键降下。手动测量完毕。

注意：百分百表在 10% 以上时，不准按复位键，否则会有烧毁校验仪的危险。百分表在 20% 以上时，若要复位，则按“1”键自动归零，归零后进入选择界面，按复位即可。

3.3.2.3　测量过程中，显示屏会清楚看到测量对象、等级、变比、电流等相关信息，百分表、比差和角差采用大字体显示，可以随时观察误差是否在精度范围之内。

3.3.3　测量结束。

3.3.3.1　测试完成后，待调压器慢慢调回零位，按“复位键”，退回到开始界面，关主机电源，关总电源。

3.3.3.2　拆除测试线，整理现场。

4　安全注意事项

4.1　一人操作，一人监护，严格执行安全操作规程。

4.2　严格按照检定装置使用规定进行操作，不得违反规定。

5　应急事件预防及处置

5.1　在有紧急情况出现时，迅速按检定装置上的急停按钮关停装置电源。

5.2　采取应急和预防措施，避免出现人身或设备伤害事件。

项目二　电流互感器检定系统操作

1　项目简介

依据《测量用电流互感器》(JJG313—2010)对电流互感器进行检定。

2　操作前准备

2.1　穿戴合格、齐备的劳动防护用品。

2.2　填写派工单，召开班前会。

2.3　准备安全用具，包括螺丝刀若干、验电笔两支。

2.4　检查实验室环境条件是否符合检定规程要求。

2.5　检查检定装置是否符合试验要求。

2.6　核对待检品信息，准备合格证、A4 打印纸等。

3　操作步骤

3.1　外观检查。

电流互感器外观完好，接线端子标志清晰完整，绝缘表面干燥无放电痕迹。

3.2　绝缘电阻测量。

用 500V 兆欧表测量各绕组之间和各绕组对地的绝缘电阻，应符合《仪用电流互感器》(JB/T 5472—2022)第 6.7 款要求。

3.3　交流电压试验。

3.3.1　设定漏电流截断值。

3.3.2　连接被测物件，用高压测试棒将高压输出端与被测物连接，用连接导线将被测物与仪器工作接地端相连。

3.3.3　打开电源开关。

3.3.4　按启动按钮，测试指示灯亮。

3.3.5　顺时针旋转电压调节旋钮，调节到测试所要求的电压值，然后按下复位按钮，切断电压输出。

3.3.6　调节定时拨盘，设定检测时间。

3.3.7　再按下启动按钮，进入测试状态。

3.3.8　如需要连续测同一种物件，在仪器处于复位状态下，再连接上一个物件，即可继续启动测试。

3.4　电流互感器接入装置。

3.4.1　根据电流互感器的一次电流，选择合适线径的一次线。

3.4.2　选择参数完全一致的电流互感器，按照台体指示方向，依次摆好电流互感器，穿过一次线，将一次线与台体进行连接。

3.4.3　将台体1#红色线夹与第一块电流互感器的K1端子连接，黑色线夹与K2端子连接，依次完成所有电流互感器与台体对应线夹的连接。

3.5　退磁及误差测试试验。

3.5.1　依次打开台体电源开关，校验仪开关。

观察台体面板指示灯，此时粗条零位灯与细调零位灯常亮，其他灯不亮，为正常。

3.5.2　打开电脑，进入“互感器校验平台”。

3.5.2.1　选择“互感器测试”，点击“录入”，在互感器基本信息页面，输入电流互感器信息、测试环境、测试结论、测试人员、新互感器数量等信息。点击“保存”，然后“关闭”。

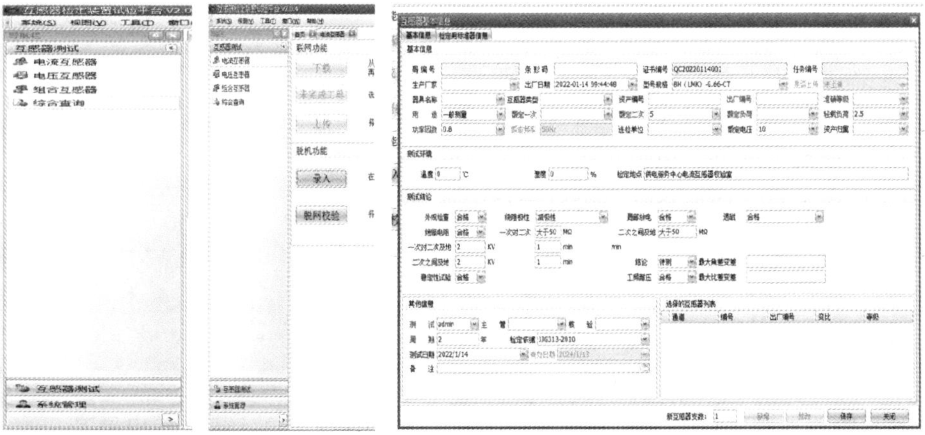

3.5.2.2　点击“脱网校验”项。将台体上连接好的电流互感器编号按照通道顺序依次填入左侧窗口内，点击“保存”，点击右箭头，将电流互感器依次拖入右侧窗口中，点击“完成”。对出现的互感器基本信息页面进行再次核对确认后，点击“下一步”。

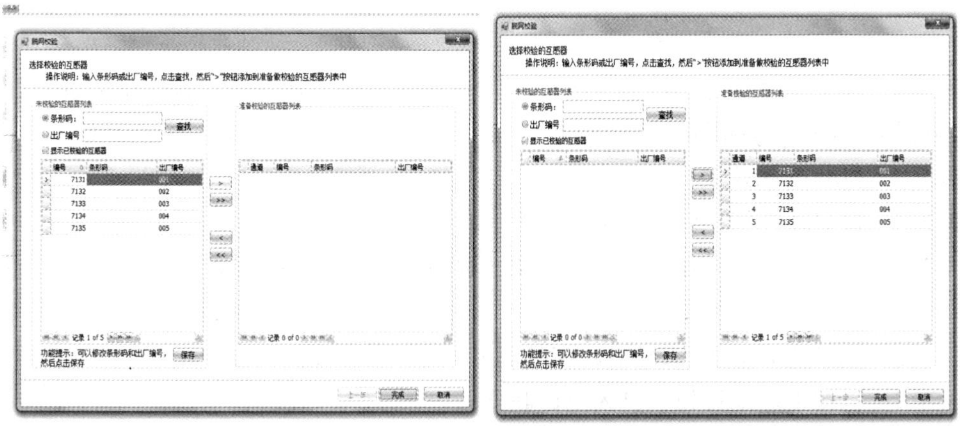

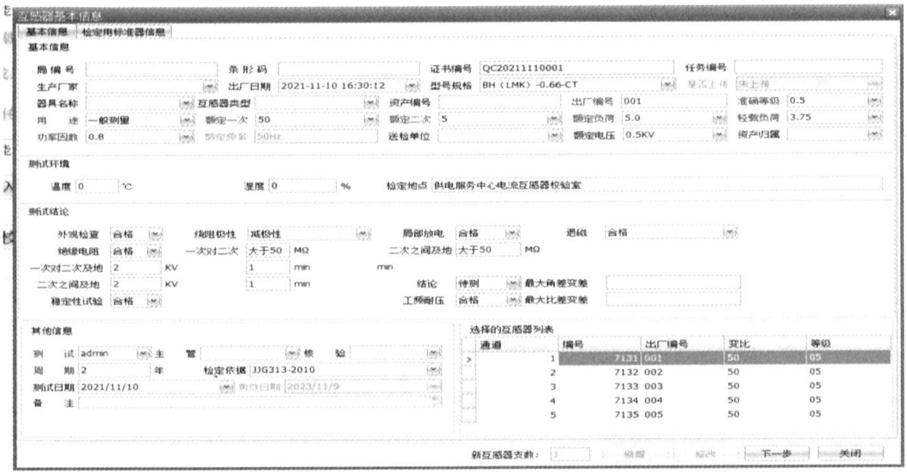

3.5.2.3　如需要对互感器做退磁，选择“退磁”项。

3.5.2.4　点击“新量程”，点击“复位”，点击“全程测试”，开始进行测试。

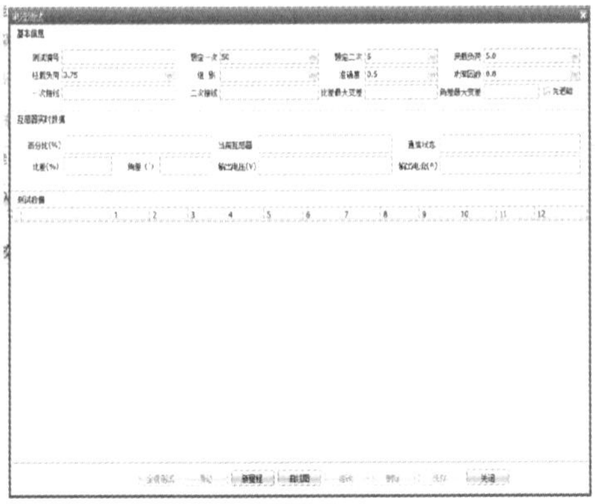

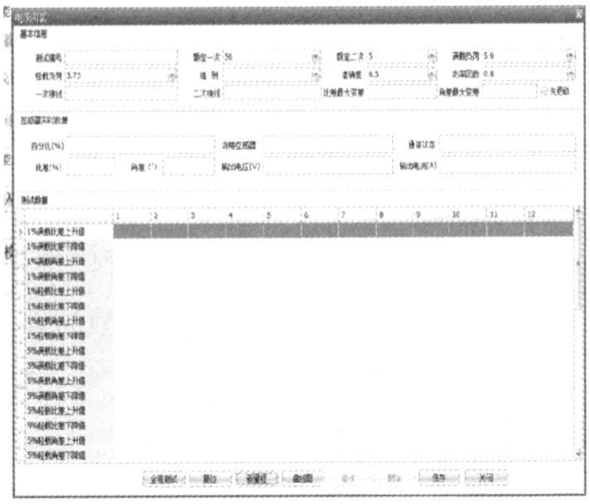

3.5.2.5　测量完毕后，装置提示音响起。点击“保存”。

3.6　查询与打印。

3.6.1　查询：点击“综合查询”项，进入查询页面后，选择查询条件，一个或多个都可以，然后点击“查询”键，即可完成查询。如需要再次查找，点击“重置”键后，再重新输入查询条件。

3.6.2　打印：查询找到要打印的互感器，并选择后，点击“查看证书”或“检定记录”，选择要打印的格式，点击确定按要求打印。

3.7　更改参数。

查询到互感器，点击“查看”，进入要修改的参数页面，点击“修改”，修改错误项后点击“保存”，修改完成。

3.8　出具检定证书。

检定合格的电流互感器，出具检定证书或检定合格证；检定不合格的电流互感器，出具检定结果通知书。

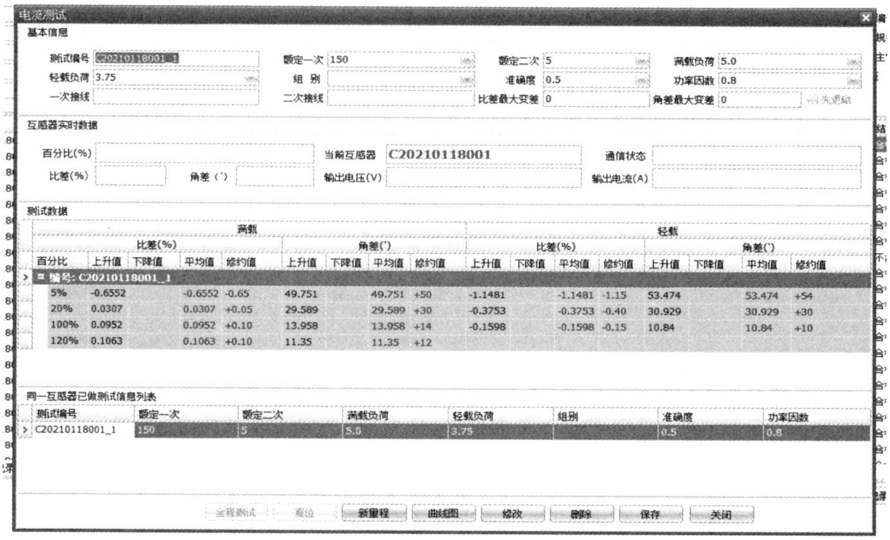

3.9　检定工作结束。

3.9.1　当工作全部结束时，关闭台体和电脑电源。

3.9.2　拆除已经检定好的电流互感器。

3.9.3　清理工作现场，断开电源总开关。

4　操作要点

4.1　接好被校电流互感器后，再仔细检查一次接线、台体与电流互感器接线，是否连接正确。接线不能有接错和相互碰触的地方。

4.2　在对电流互感器进行各项试验过程中，出现报警现象时，要及时停止检定，排查原因后，再继续进行检定。

4.3　电流互感器检定时，严禁二次开路。

5　安全注意事项

5.1　做耐压试验时，操作人员必须戴绝缘手套、脚下垫绝缘橡皮垫，有良好的安全接地。仪器使用后，电压调节钮应逆时针旋转到底，仪器使用前，应确保处于复位状态。

5.2　定期检查检定装置及耐电压测试仪接地是否良好，漏电保护是否完好。

5.3　电动工具也要确保绝缘良好，使用完毕要关闭电源，以免出现伤人情况。

5.4　在试验区域加设围栏，外侧悬挂“止步，高压危险！”标示牌，防止无关人员进入。

5.5　加强监护，任何人不得随意进入工作场所。

6　应急事件预防及处置

6.1　在有紧急情况出现时，迅速断开装置电源。

6.2　采取应急和预防措施，避免出现人身或设备伤害事件。

6.3　待问题处理后，才能再次进行操作。必要时，要由厂家技术人员进行处理，给出正确结论。

模块四　校表方案编写

项目一　校表方案编写

1　项目简介

电能表校表方案编写。

2　操作前准备

电子式交流电能表检定规程一份。

3　操作步骤

3.1　管理员进入系统后，在工具栏菜单“配置”右侧下拉菜单，点击【校表方案编辑数据库】项，进入“校表方案编辑管理”窗口。

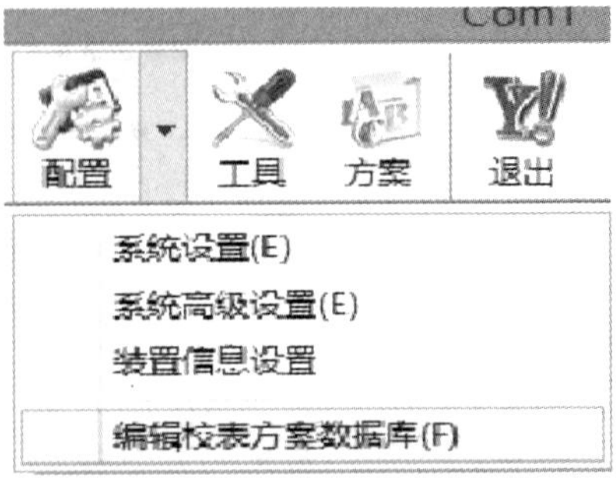

3.2　新建校表方案

校表方案编辑窗口如图 8－13 所示。该窗口分为三个部分，上面为方案编辑区，下左为试验方案分级树型列表区，下右为试验项目内容明细区。

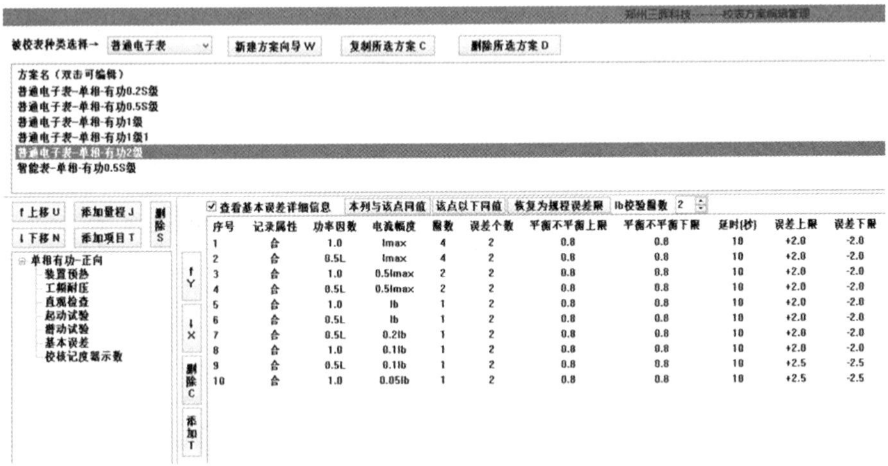

图 8－13　校表方案编辑窗口

校表方案包括如下各项参数：

方案名称：电子式多功能表－单相－有功 2 级－123；

校表类型：电子式多功能表－单相－有功 2 级；

校验量程：正向有功；

试验项目：起动、潜动、基本误差、日计时、仪表常数。

3.2.1　在图 8－13 中左上角选择被校表种类“电子式多功能表”，然后点击“新建方案向导”按钮，在弹出的如下窗口中，输入相关参数。

注意：输入参数的顺序必须为先接线方式，后精度等级，最后再输入或修改程序默认生成的方案名称。

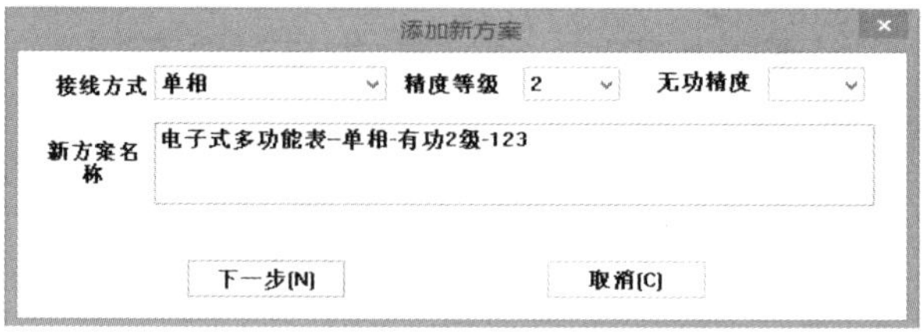

3.2.2　在图8－13窗口左下区点击“添加量程”，在弹出的如下窗口中，输入相关参数。

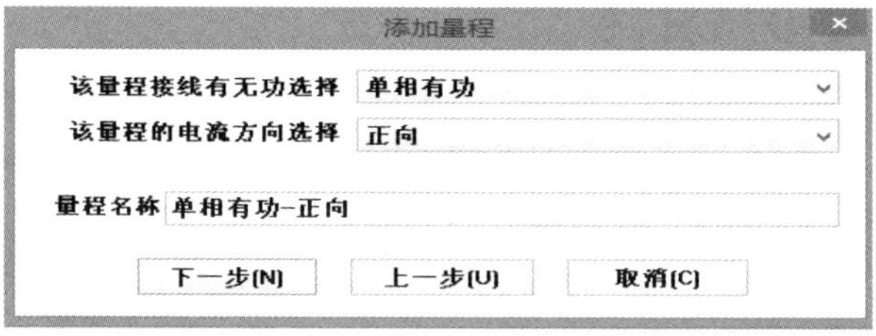

3.2.3　在图8－14窗口左下区点击“添加项目”，在弹出的列表对话框中，双击试验项目名称，则该试验项目即添加到当前量程下。

注意：要使用新建的方案校表，必须在参数输入界面中，选择该方案名称为“电子式多功能表－单相－有功2级－123”才可以。

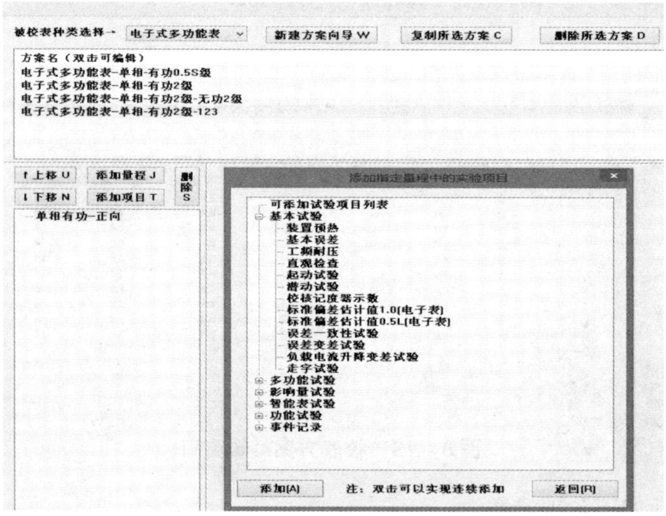

图8－14　校表参数输入界面

3.3　设置试验参数。

在试验方案分级树型列表区中，选中某个量程的基本误差试验项目，在右面的内容展示区中，显示了该量程所包含的所有测试误差点，在此界面中可设置误差点以及各个误差点的试验先后顺序(系统按误差点的排序先后视为试验顺序)。

3.3.1　设置误差点。

在图8－15中，若取消选中“查看基本误差详细信息”复选框，则系统采用图形的方式直观列出了所有的误差点分布图，深色的单元格代表要做的误差测试点。可以用鼠标左键单击某个单元格，修改该点的状态。

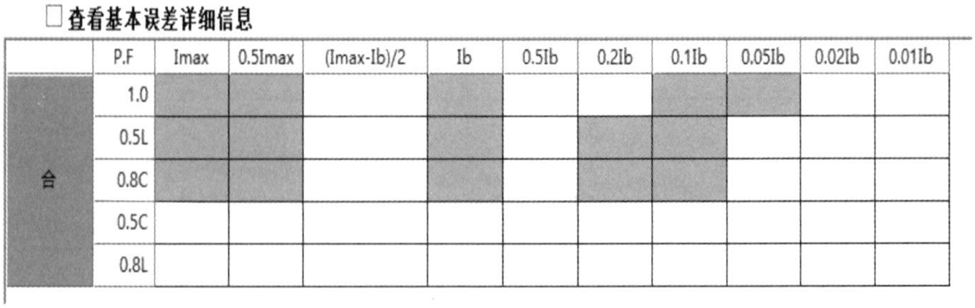

图 8 －15　误差测试点输入界面

检定电子式交流电的误差点选择，要按照检定规程的要求选择测试点(表 8 －3、表 8 －4)。

表 8 －3　检定单相电能表和平衡负载下的三相电能表时应调定的负载点

<table>
<tr><td colspan="2" rowspan="2">电能表类别</td><td rowspan="2">电能表准确度等级</td><td>cosφ = 1；sinφ = 1（L 或 C）</td><td>cosφ = 0.5L；cosφ = 0.8C①；sinφ = 0.5（L 或 C）</td><td>sinφ = 0.25（L 或 C）</td><td>特殊要求时 cosφ = 0.25L；cosφ = 0.5C</td></tr>
<tr><td colspan="4">负载电流②</td></tr>
<tr><td rowspan="2">直接接入</td><td>有功电能表</td><td>1，2</td><td>I_{max}，$(0.5I_{max})$②，I_b，$0.1I_b$，$0.05I_b$</td><td>I_{max}，$(0.5I_{max})$②，I_b，$0.2I_b$，$0.1I_b$</td><td>—</td><td>I_{max}，$0.2I_b$</td></tr>
<tr><td>无功电能表</td><td>2，3</td><td>I_{max}，$(0.5I_{max})$②，I_b，$0.1I_b$，$0.05I_b$</td><td>I_{max}，$(0.5I_{max})$②，I_b，$0.2I_b$，$0.1I_b$</td><td>I_b，</td><td>—</td></tr>
<tr><td rowspan="3">经互感器接入③</td><td rowspan="2">有功电能表</td><td>0.2S，0.5S</td><td>I_{max}，I_n，$0.05I_n$，$0.01I_n$</td><td>I_{max}，I_n，$0.1I_n$，$0.02I_n$</td><td>—</td><td>I_{max}，$0.1I_n$</td></tr>
<tr><td>1，2</td><td>I_{max}，I_n，$0.05I_n$，$0.02I_n$</td><td>I_{max}，I_n，$0.1I_n$，$0.05I_n$</td><td>—</td><td>I_{max}，$0.1I_n$</td></tr>
<tr><td>无功电能表</td><td>2，3</td><td>I_{max}，I_n，$0.05I_n$，$0.02I_n$</td><td>I_{max}，I_n，$0.1I_n$，$0.05I_n$</td><td>I_n</td><td>—</td></tr>
</table>

注：①cosφ = 0.8C 只适用于 0.2S、0.5S 和 1 级有功电能表。
②$I_{max} \geq 4I_b$ 时，应适当增加负载点、如增加 $0.5I_{max}$ 负载点等。
③经互感器接入的宽负载电能表（$I_{max} \geq 4I_b$）[如 3×1.5(6)A]，其计量性能仍按 I_b 确定。

表 8 －4　不平衡负载时三相电能表分组检定时应调定的负载点

<table>
<tr><td colspan="2" rowspan="2">电能表类别</td><td rowspan="2">电能表准确度等级</td><td>cosθ = 1；sinθ = 1（L 或 C）</td><td>cosθ = 0.5L；sinθ = 0.5（L 或 C）</td></tr>
<tr><td colspan="2">负载电流</td></tr>
<tr><td rowspan="2">直接接入</td><td>有功电能表</td><td>1，2</td><td>I_{max}，I_b，$0.1I_b$</td><td>I_{max}，I_b，$0.2I_b$</td></tr>
<tr><td>无功电能表</td><td>2，3</td><td>I_{max}，I_b，$0.1I_b$，</td><td>I_{max}，I_b，$0.2I_b$，</td></tr>
</table>

续表

电能表类别		电能表准确度等级	$\cos\theta=1$；$\sin\theta=1$（L或C）	$\cos\theta=0.5L$；$\sin\theta=0.5$（L或C）
			负载电流	
经互感器接入	有功电能表	0.2S，0.5S	I_{max}，I_n，$0.05I_n$	I_{max}，I_n，$0.1I_n$
		1，2	I_{max}，I_n，$0.05I_n$	I_{max}，I_n，$0.1I_n$
	无功电能表	2，3	I_{max}，I_n，$0.05I_n$，	I_{max}，I_n，$0.1I_n$，

3.3.2 设置误差点的测试先后顺序。

如图8－16所示，选中“查看基本误差详细信息”复选框，系统列出了所有误差点的详细信息，以及误差点的试验先后顺序，系统默认的误差点测试顺序为先合元件，后分元件，先电流，再功率因数的排列方法，这样有利于“基本误差试验”校验速度的提高。

序号	记录属性	功率因数	电流幅度	圈数	误差个数	平衡不平衡上限	平衡不平衡下限	延时(秒)	误差上限	误差下限
1	合	1.0	Imax	1	2			10	+0.5	-0.5
2	合	0.8C	Imax	1	2			10	+0.6	-0.6
3	合	0.5L	Imax	1	2			10	+0.6	-0.6
4	合	1.0	0.5Imax	2	2			10	+0.5	-0.5
5	合	0.8C	0.5Imax	2	2			10	+0.6	-0.6
6	合	0.5L	0.5Imax	2	2			10	+0.6	-0.6
7	合	1.0	Ib	1	2			10	+0.5	-0.5
8	合	0.8C	Ib	1	2			10	+0.6	-0.6
9	合	0.5L	Ib	1	2			10	+0.6	-0.6
10	合	0.8C	0.2Ib	1	2			10	+0.6	-0.6
11	合	0.5L	0.2Ib	1	2			10	+0.6	-0.6
12	合	1.0	0.1Ib	1	2			10	+0.5	-0.5
13	合	0.8C	0.1Ib	1	2			10	+0.6	-0.6
14	合	0.5L	0.1Ib	1	2			10	+0.6	-0.6
15	合	1.0	0.05Ib	1	2			10	+0.5	-0.5

图8－16 基本误差查看界面

3.4 校表方案编辑完成后，点击“关闭”按钮退出“校表方案编辑管理”页面。具有管理员资格的人员可直接进行试验，否则需要退出应用软件重新进行用户签名登录软件可进行各项试验。

项目二 检定异常情况处置

1 装置报警

在使用过程中，当检定装置发出嘟…嘟…连续的报警声，提示有不正常情况发生，此时应立即关闭电压、电流输出，然后按以下步骤及方法处理。

1.1 检查接线。

如果是刚接上被校表，开电压和电流输出，出现报警，则应先检查接线和被校表。检查接线无误后，检查被校表是否有电压回路和电流回路之间短路，如电压小勾没脱开等情况，或者电子脉冲线与电压回路短路的情况。

1.2 清除假报警。

在校表过程中出现报警，有时可能是外界干扰引起的假报警，此时只要按电压和电流启停键(UI)，报警就可解除，重新开始校验。

1.3　电压报警。

当输出电压短路或其他原因导致输出电压负荷过大，DZ601－ZN 的电源将自动报警保护，此时关闭电流输出，蜂鸣器响表示电压报警。电压报警可能是人为接线错误导致，也有可能是电表本身内部电压短路，如果检查接线无误，并且确认不挂表时输出正常，就有可能是电表内部故障。

1.4　电流报警。

当输出电流开路或电流回路接触不良造成电流回路负荷过大时，电源将自动报警保护，报警后关闭电压输出，蜂鸣器响指示电流报警。电流报警的原因比较复杂，最常见原因是电流开路报警和电流接线接触不良报警。如果断定电流输出直接短路时能够正常输出，则有可能是电表本身内部故障或某块表接触不良造成。

1.5　故障表判断。

由于 DZ601－ZN 的一次挂表比较多，当某表位内部有问题或接触不良导致电压/电流升不上去而报警时，就需要逐一判断是哪一块表出现了问题。下面提供几种方法以便快速找出故障表，从而排除故障。

1.5.1　外观检查：从外部观察每一块表是否有机械上或电气上的故障或接触不良，查出后更换。

1.5.2　排除法，先去掉一半的电表接线，重新开启输出，看是否报警，如果没有，增加挂表数量，直到查出故障表；如果有报警，减少挂表数量开启电源输出，如果还报警，继续减少挂表数量直到试出故障表为止。

2　其他异常情况

2.1　开机后无任何反应。

2.1.1　检查供电电源线是否插好。

2.1.2　检查机柜电源线接线位置有无异常。

2.2　开机电压、电流输出正常，但没有功率显示。

2.2.1　检查开机后标准表电源指示灯是否亮。

2.2.2　如果指示灯不亮，可以检查标准表电源保险是否烧坏，供电电源线是否有电。

2.2.3　标准表通信线接插是否正常。

2.3　校验误差不正常。

2.3.1　首先检查接线是否正确无误。

2.3.2　再检查输入的被校表常数是否与被校表的表盘标识一致，主要是表类型(接线方式)、电表常数、参比电压、基本(额定最大)电流。

2.3.3　电压、电流输出开启后，电压、电流指示仪表显示与设定的要求是否一致。

2.3.4　切换负荷试验点，看误差是否正常。

2.3.5　如果上述都正常，用万用表测量被校表接线端的电压和电流是否与设定一致。

模块五　检定结果的处理

项目一　检定或校准结果的重复性试验

1　项目简介

检定或校准结果的重复性试验是指在重复性测量条件下，用计量标准对常规的被检定或被校准对象重复测量所得示值或测得值间的一致程度。重复性条件是指相同测量程序、相同操作者、相同测量系统、相同操作条件和相同地点，并在短时间内对同一或相类似被测对象重复测量，因此必须在尽可能短的时间内完成。

2　《检定或校准结果的重复性试验记录》的填写和要求

__________的检定或校准结果的重复性试验记录

<table>
<tr><td>试验时间</td><td colspan="4">年　　月　　日</td></tr>
<tr><td rowspan="2">被测对象</td><td>名称</td><td colspan="2">型号</td><td>编号</td></tr>
<tr><td></td><td colspan="2"></td><td></td></tr>
<tr><td rowspan="2">测量条件</td><td colspan="2"></td><td colspan="2"></td></tr>
<tr><td>$\cos\phi = 1.0$</td><td colspan="3">$\cos\phi = 0.5\text{L}$</td></tr>
<tr><td>测量次数</td><td colspan="4">测得值(%)</td></tr>
<tr><td>1</td><td></td><td colspan="3"></td></tr>
<tr><td>2</td><td></td><td colspan="3"></td></tr>
<tr><td>3</td><td></td><td colspan="3"></td></tr>
<tr><td>4</td><td></td><td colspan="3"></td></tr>
<tr><td>5</td><td></td><td colspan="3"></td></tr>
<tr><td>6</td><td></td><td colspan="3"></td></tr>
<tr><td>7</td><td></td><td colspan="3"></td></tr>
<tr><td>8</td><td></td><td colspan="3"></td></tr>
<tr><td>9</td><td></td><td colspan="3"></td></tr>
<tr><td>10</td><td></td><td colspan="3"></td></tr>
<tr><td>$\bar{y}$</td><td></td><td colspan="3"></td></tr>
<tr><td>$s(y_i) = \sqrt{\frac{\sum_{i=1}^{n}(y_i - \bar{y})^2}{n-1}}$</td><td></td><td colspan="3"></td></tr>
<tr><td>结　　论</td><td></td><td colspan="3"></td></tr>
<tr><td>试验人员</td><td colspan="4"></td></tr>
</table>

2.1　在表上方“检定或校准结果的重复性试验记录”栏目中的空格内填写计量标准名称。

2.2　“试验时间”是指进行重复性试验日期，每年至少一次。

2.3　“被测对象”是指选用常规被测对象的名称、型号、规格、编号。

2.4　“测量条件”填写检定或校准结果的重复性试验时的测量条件，包括温度、湿度等环境条件及试验方法等信息。

2.5 “测量次数”填写重复测量次数，n 应当尽可能大，一般应当不少于10次。如果检定或校准结果的重复性引入的不确定度分量在检定或校准结果的测量不确定度中不是主要分量，允许适当减少重复测量次数，但至少应当满足 $n \geqslant 6$。

2.6 “测得值”是指进行检定或校准结果的重复性试验时测得的单次测量结果。

2.7 “结论”是指是否符合对检定或校准结果不确定度的要求。

2.8 “试验人员”是指承担试验，并进行数据处理、分析、评价者。

2.9 计算重复性。

在重复性测量条件下，用被考核的计量标准对常规的被测对象进行 n 次独立重复测量，若得到的测得值为 $y_i(i=1,2,\cdots n)$，则其重复性 $s(y_i)$ 按公式(8－1)计算：

$$s(y_i) = \sqrt{\frac{\sum_{i=1}^{n}(y_i - \bar{y})^2}{n-1}} \tag{8-1}$$

式中，$\bar{y}$ 为 n 个测得值的算术平均值。n 为重复测量次数 n 应当尽可能大，一般应当不少于10次。

3　检定或校准结果的重复性的要求

3.1 对于新建计量标准，测得的重复性应当直接作为一个不确定度来源用于检定或校准结果的不确定度评定中。只要评定得到的测量结果的不确定度满足所开展的检定或校准项目的要求，则表明其重复性也满足要求。

3.2 对于已建计量标准，要求每年至少进行一次重复性测量，如果测得的重复性不大于新建计量标准时测得的重复性，则重复性符合要求；如果测得的重复性大于新建计量标准时测得的重复性，则应当依据新测得的重复性重新进行测量结果的不确定度的评定，如果评定结果仍满足所开展的检定或校准项目的要求，则重复性符合要求，并将新测得的重复性作为下次重复性试验是否合格的判定依据；如果评定结果不满足所开展的检定或校准项目的要求，则重复性试验不符合要求。

项目二　计量标准的稳定性试验

1　项目简介

计量标准的稳定性是指计量标准保持其计量特性随时间恒定的能力。计量标准的稳定性应当包括计量标准器的稳定性和配套设备的稳定性。

《计量标准考核规范》明确规定了下述五种稳定性考核方法：采用核查标准进行考核、采用高等级的计量标准进行考核、采用控制图法进行考核、采用计量检定规程或计量技术规范规定的方法进行考核以及采用计量标准器的稳定性考核结果进行考核。建标单位应当根据计量标准的实际情况选择恰当的稳定性考核的方法，反映计量标准的稳定性。

2　《计量标准的稳定性考核记录》参考格式的填写与使用说明

______________的稳定性考核记录

考核时间	年　月　日		年　月　日	
核查标准	名称：		型号：	编号：
测量条件				
	$\cos\phi=1.0$	$\cos\phi=0.5L$	$\cos\phi=1.0$	$\cos\phi=0.5L$

续表

测量次数	测得值(%)	测得值(%)	测得值(%)	测得值(%)
1				
2				
3				
4				
5				
6				
7				
8				
9				
10				
$\overline{y}_i$				
变化量 $\lvert \overline{y}_i - \overline{y}_{i-1} \rvert$				
允许变化量				
结　论				
考核人员				

2.1　在表上方“的稳定性考核记录”栏目中的空格内填写被考核计量标准名称。

2.2　“考核时间”是指进行计量标准稳定性考核时的日期，新建计量标准一般应当经过半年以上的稳定性考核，已建计量标准一般每年至少进行一次。

2.3　“核查标准”填写进行稳定性考核选择的核查标准的名称、型号、规格、编号。核查标准一经选择不要轻易更换。

2.4　“测量条件”填写计量标准的稳定性考核时的测量条件。

2.5　“测量次数”新建计量标准，每隔一段时间(大于一个月)，用该计量标准对核查标准进行一组 n 次的重复测量，取其算术平均值为该组的检定或校准结果。共观测 m 组($m \geqslant 4$)。已建计量标准，每年至少一次用被考核的计量标准对核查标准进行一组 n 次的重复测量。

2.6　“测量值”是指进行稳定性考核时测得的单次测量结果。

2.7　“变化量 $\lvert \overline{y} - \overline{y}_i \rvert$”是指本次测量结果和上次测量结果之差。

2.8　“允许变化量”是指《计量标准的稳定性考核规范》第 4.2.3 条“计量标准的稳定性”中规定的控制限。

2.9　“结论”填写是否合格。如果变化量不大于允许变化量，则为“合格”，如果变化量大于允许变化量，则为“不合格”。

2.10　“考核人员”指承担考核，并进行数据处理、分析、评价者

3　计量标准稳定性的要求

若计量标准在使用中采用标称值或示值，即不加修正值使用，则计量标准的稳定性应当小于计量标准的最大允许误差的绝对值；若计量标准需要加修正值使用，则计量标准的稳定性应当小于修正值的扩展不确定度(U95 或 U，$k=2$)。当相应的计量检定规程或计量技术规范对量标准的稳定性有具体规定时，则可以依据其规定判断稳定性是否合格。

单元九　计量标准管理

模块一　计量标准器具和配套设备管理

项目一　仪器设备维护保养

1　项目简介

仪器设备维护保养是仪器设备管理的一项经常性工作，作好这项工作既能节省更新仪器设备所需要的资金，又能提高仪器设备的使用寿命，保证工作的正常进行。

2　适用范围

实验室内的计量标准器具及配套设备。

3　维护保养内容

3.1　标准表每年都要定期进行量值溯源，并在标准表上粘贴标识。

3.2　检查标准表与 PC 电脑的通信接口是否接好。

3.3　检查标准表系统状态是否正常。

3.4　交流电能表检定装置每 2 年定期进行量值溯源，并在装置上粘贴标识。

3.5　检定时的环境符合检定规程的要求，对温度湿度表进行定期送检，并贴上标识。

3.6　检定前，务必要仔细检查标准装置及被检表的设置状态并正确接线。

3.7　启动装置：先开启功率源电源后再启动电能表检定应用软件；被检电能表预热时间按规程要求进行。

3.8　测量：测量按照交流电能表检定实施细则进行操作。

3.9　关闭装置：将输出电压及电流降为零后方能关闭功率源电源。

3.10　每隔一年检查装置接地的可靠性，并做清理工作。

3.11　定期杀毒以防电脑感染病毒，保证应用软件执行的正常和数据的完整性。

3.12　检定结束后保存数据，定期做好数据的电子备份。

3.13　对检定现场进行处理，将使用维护情况进行记录。

3.14　不定期对仪器设备进行清扫检查，保持仪器设备干净整洁。

3.15　对于不经常开机的仪器设备，要定期对设备进行开机运行检查，并作好记录。

项目二　计量标准器具及配套设备送检

1　项目简介

计量标准器及配套设备是保证建标单位正常开展检定或校准工作并取得准确可靠测量数据的最重要装备，因此，《计量标准考核规范》对计量标准器及配套设备的溯源性有详细和严格的要求。

2　计量标准器及主要配套设备的溯源性

2.1　凡是有计量检定规程的计量标准器及主要配套设备，应当按照其对应的计量检定规程进行周期检定。检定项目必须齐全，检定周期不得超过计量检定规程的规定。

2.2　计量标准器及主要配套设备均应当有连续、有效的检定或校准证书。

2.3　计量标准器应当定点定期经法定计量检定机构或县级以上人民政府计量行政部门授权的计量技术机构建立的社会公用计量标准检定合格或校准来保证其溯源性。

2.4　主要配套设备应当经检定合格或校准来保证其溯源性。

3　送检

3.1　送检物品。

3.1.1　电能表计量标准器，包括电能表检定装置、标准电能表、电压互感器等；主要配套设备是指总控时钟模块、耐电压测试仪、温湿度计等。

3.1.2　互感器计量标准器，是指带升流器精密电流互感器，主要配套设备包括互感器校验仪、电流电压互感器负荷箱、耐电压测试仪、绝缘电阻表等。

3.2　送检周期。

3.2.1　电能表检定装置、互感器校验仪，检定周期为2年，进行现场检定。

3.2.2　标准电能表、总控时钟模块、耐电压测试仪、绝缘电阻表、温湿度计，检定周期为1年，要送至高一级由政府进行授权的计量技术机构进行检定。

3.3　送检前准备。

3.3.1　每年年底，给上级上报下一年度需要强检的计量器具详细信息。

3.3.2　在离检定有效期到期前，按照要求填写强制检定的工作计量器具检定备案、检定申请表。

强制检定的工作计量器具检定备案、检定申请表

统一社会信用代码：　　　　　单位名称(盖章)：　　　　　单位地址：

联系人员：　　　　联系电话：　　　　电子信箱：　　　　　填报日期：　　年　　月　　日

序号	计量器具名称	规格型号	准确度等级	出厂编号	制造单位	投入使用时间	安装/使用地点	使用部门	用途	指定的检定单位	备注

续表

<table>
<tr><th>序号</th><th>计量器具名称</th><th>规格型号</th><th>准确度等级</th><th>出厂编号</th><th>制造单位</th><th>投入使用时间</th><th>安装/使用地点</th><th>使用部门</th><th>用途</th><th>指定的检定单位</th><th>备注</th></tr>
<tr><td></td><td></td><td></td><td></td><td></td><td></td><td></td><td></td><td></td><td></td><td></td><td></td></tr>
<tr><td></td><td></td><td></td><td></td><td></td><td></td><td></td><td></td><td></td><td></td><td></td><td></td></tr>
<tr><td></td><td></td><td></td><td></td><td></td><td></td><td></td><td></td><td></td><td></td><td></td><td></td></tr>
<tr><td colspan="5">备案意见：

备案人：　　年　　月　　日
审核人：　　年　　月　日(备案单位盖章)</td><td colspan="3">客户确认(签字)：

年　　月　　日</td><td colspan="4">检定单位受理意见：

受理人：　年 月 日
(检定单位盖章)</td></tr>
</table>

注：1. 申请单位应对照实物如实填写本表的各项内容，确认填写的计量器具属于强检停征范畴，保证填写内容及所提交材料的真实性，如有虚报，应当承担相应的法律责任；

2. 申请单位需携带营业执照复印件并加盖单位公章，安装/使用地点：指具体的科室、部门或使用场所，用途：1 – 贸易结算，2 – 安全防护，3 – 医疗卫生，4 – 环境监测，5 – 其他；

3. 备案单位备案人填写“是否备案、备案意见、指定检定单位”等相关内容，审核人应签名，备案单位应盖章，对备案结果负责；

4. 检定单位受理人应当签署明确的受理意见，检定单位应盖章，对受理结果负责；

5. 本表可加行填写，一式三份(指定两个以上检定单位的可增加)，备案单位签署备案意见并经客户确认后留存一份，客户将备案后的申请表(每个检定单位两份)报送检定单位受理盖章后留存一份，检定单位留存一份；

6. “民用四表”等量大的强检计量器具，填表时可不填“投入使用时间、使用部门等”，并在“备注”栏内注明“数量”。

3.3.3　送检前，将需要送检的计量标准器和主要配套设备进行装箱打包，每个仪器设备都有专门的包装箱，要防止震荡、滚动。箱内要有装箱清单、上次检定证书的复印件。

3.4　送检物品取回。

3.4.1　计量标准器和主要配套设备取回后，要进行数目、信息核对，要进行证书核对，看有无遗漏，有无错误。

3.4.2　将计量标准器和主要配套设备进行正确安装，并试运行。

3.4.3　对计量标准器和主要配套设备进行贴证确认。

3.4.4　将计量标准器和主要配套设备送检结果进行资料登记。

项目三　仪器设备标识和建档

1　项目简介

为了掌握仪器设备的技术状态，保证检测数据的准确可靠。实验室除了应有全部仪器设备的台账和设备标识以外，还应对每一台在用的仪器设备状态进行确认标识，建立档案。

2　仪器设备档案

按每套仪器设备进行建档，档案应包括以下内容：

2.1　仪器设备履历表，包括仪器设备名称、型号或规格、制造商、出厂编号、仪器设备唯一性识别号、购置日期、验收日期、启用日期、放置地点、用途、主要技术指标等。

2.2　仪器购置申请、说明书原件、产品合格证、保修单。

2.3　验收记录。

2.4　检定/校验记录及检定证书。

2.5　保养维护和运行检查制度。

2.6　保养维护记录。

2.7　运行检查记录。

3　仪器设备标识与随机资料

3.1　编号标识。

所有仪器设备均应进行标识，且每台仪器设备的标识必须是唯一性。

3.2　状态标识。

根据检定/校准结果对仪器设备粘贴可用性识别标识。可用性识别标识分为合格证、准用证和停用证，以“绿”“黄”“红”三种颜色表示。

3.2.1　凡计量检定合格、不必检定的设备，经验查功能正常、无法检定的设备，经实验室间或实验室内比对或检定合格的都粘贴绿色“合格”标志。

3.2.2　对于多功能检测设备，某些功能丧失，但检测所用功能正常，且检定校准合格者，或某测量仪器在某一范围内准确度不合格，但用于工作测量范围合格或降级使用的，可粘贴黄色“准用”标志。

3.2.3　对于已经损坏的仪器设备或计量检定不合格或超过规定检定周期的粘贴红色“停用”标志。

3.3　仪器设备状态标识信息应包括以下内容：

3.3.1　设备编号。

3.3.2　证书批准日期。

3.3.3　有效期。

3.3.4　对仪器状态进行技术确认的机构名称。

3.3.5　负责对仪器设备受控状态进行确认的检查人员姓名。

3.3.6　对准用证应有准予使用的范围、等级或功能。

3.3.7　对停用证应有开始停用日期和停用状态正式确认日期。

3.4　随机资料：包括操作规程、仪器说明书复印件、在用的使用记录等。

模块二　计量标准的建标

项目一　管理制度建立

1　项目简介

建标单位应当建立下述八项计量标准的管理制度，并保持其持续、有效运行；各项管理制度可以单独制订，也可以包含在建标单位的管理体系文件中。

2　八项管理制度

2.1　实验室岗位管理制度。

2.2　计量标准使用维护管理制度。

2.3　量值溯源管理制度。

2.4　环境条件及设施管理制度。

2.5　计量检定规程或计量技术规范管理制度；

2.6　原始记录及证书管理制度。

2.7　事件报告管理制度。

2.8　计量标准文件集管理制度。

3　管理制度的相关要求

3.1　实验室岗位管理制度应当明确实验室管理人员、计量标准负责人和检定或校准、核验人员的具体分工和职责。

3.2　计量标准使用维护管理制度应当明确计量标准的保存、运输、维护、使用、修理、更换、改造、封存及撤销以及恢复使用等工作的具体要求和程序。应当包括：计量标准器及配套设备在使用前的检查和(或)校准，唯一性标识和检定或校准状态，出现故障的处置方法，计量标准器及配套设备的使用限制和保护措施等。

3.3　量值溯源管理制度应当明确计量标准器及主要配套设备的周期检定或定期校准计划和执行程序，包括偏离程序应当采取的措施。

3.4　环境条件及设施管理制度应当确保实验室的设施和环境条件适合计量标准的保存和使用，同时应当满足所开展计量检定或校准项目的计量检定规程或校准规范的要求。应当对温度、湿度等环境条件进行监测和记录，对实验室互不相容的活动区域进行有效隔离。

3.5　计量检定规程或计量技术规范管理制度应当能确保开展计量检定或校准时采用符合规定要求的计量检定规程或校准规范。

3.6　原始记录及证书管理制度应当明确计量检定或校准过程原始记录、数据处理、证书填写、数据核验和证书签发等环节的工作程序及要求。

3.7　事件报告管理制度应当明确仪器设备、人员安全和工作责任事件的分类和界定，以及各种事件的发现、报告和处理的程序规定。

3.8　计量标准文件集管理制度应当明确计量标准文件集的管理内容和要求，对文件的起草、批准、发布、使用、更改、评价、存档及作废等作出明确规定，设置专人负责，确定其借阅、保存等方面的具体要求。

项目二　计量标准技术报告撰写

1　项目简介

新建计量标准时，建标单位应当撰写《计量标准技术报告》，该报告一般由计量标准负责人撰写。计量标准主要特性有变化的，应当及时修订《计量标准技术报告》。

2　《计量标准技术报告》的填写与使用说明

2.1　封面和目录。

2.1.1　计量标准名称。

该名称应当与《计量标准考核(复查)申请书》中的名称相一致。

2.1.2　计量标准负责人。

填写所建计量标准负责人的姓名。

2.1.3　建标单位名称。

填写建标单位的全称。该单位名称应当与《计量标准考核(复查)申请书》中建标单位的名称及公章中名称完全一致。

2.1.4　填写日期。

填写编制完成《计量标准技术报告》的日期。如果是重新修订，应当注明第一次填写日期和本次修订日期及修订版本。

2.1.5　目录。

《计量标准技术报告》共12项内容，报告完成后，应当在目录每项( )内注明页码。

3　技术报告内容

3.1　建立计量标准的目的。

简明扼要地叙述为什么要建立该计量标准，建立该计量标准的被检定或校准对象，测量范围及工作量分析以及建立该计量标准的预期社会效益及经济效益。

3.2　计量标准的工作原理及其组成。

用文字、框图或图表的形式，简要叙述该计量标准的基本组成，以及开展量值传递时采用的检定校准方法。计量标准的工作原理及其组成当符合所建计量标牌所属的国家计量检定系统表和执行的计量检定规程或计量技术规范的规定。

3.3　计量标准器及主要配套设备。

本栏目中各子栏目的填法如下：

3.3.1　“名称”和“型号”两栏目分别填写各计量标准器及主要配套设备的名称、型号或规格。

3.3.2　“测量范围”栏目填写相应计量标准器及主要配套设备的测量范围。

3.3.3　“不确定度或准确度等级或最大允许误差”栏目填写相应计量标准器及主要配套设备的不确定度或准确度等级或最大允许误差。通常按照最近一次检定或校准证书上给出的不确定度或准确度等级或最大允许误差进行填写。

3.3.4　“制造厂及出厂编号”栏目填写各计量标准器及主要配套设备的制造厂家名称及出厂编号。

3.3.5　“检定周期或复校间隔”栏目填写各计量标准器及主要配套设备经有效溯源后

计量技术机构给出的检定周期或建议复校间隔，例如：1 年、2 年、6 个月等。

4　计量标准的主要技术指标

明确给出整套计量标准的测量范围，不确定度或准确度等级或最大允许误差以及计量标准的稳定性等主要技术指标以及其他必要的技术指标。

5　环境条件

5.1　在“项目”栏目内填写计量检定规程或计量技术规范规定的设施和监控设备名称。

5.2　在“要求”栏目内填写计量检定规程或计量技术规范对该设施和监控设备规定必须达到的要求。

5.3　在“实际情况”栏目内填写设施和监控设备的名称、型号和所能达到的实际情况。

5.4　在“结论”栏目填写是否符合计量检定规程或计量技术规范对该项目所提的要求。视情况分别填写“合格”或“不合格”。

6　计量标准的量值溯源和传递框图

根据与所建计量标准相应的国家计量检定系统表或计量检定规程或计量技术规范，画出该计量标准的量值溯源和传递框图，要求画出该计量标准溯源到上一级计量标准和传递到下一级计量器具的量值溯源和传递关系框图。

7　计量标准的稳定性考核

本栏目应该列出计量标准稳定性考核的全部数据。建议用图、表的形式反映稳定性考核的数据处理过程、结果，并判断其稳定性是否符合要求。

8　检定或校准结果的重复性试验

该栏目应当填写重复性试验的被测对象、测量条件，列出重复性试验的全部数据和计算过程，并判断其重复性是否符合要求。

9　检定或校准结果的不确定度评定

该栏目应当填写进行检定或校准结果测量不确定度评定具体采用的方法，被测量的简要描述、测量模型、不确定度分量的评估、被测量分布的判定和包含因子的确定、合成标准不确定度的计算以及最终给出的扩展不确定度。

10　检定或校准结果的验证

该栏目应当填写进行检定或校准结果的验证具体采用的方法，由哪个计量技术机构进行的验证，对验证的测量数据、不确定度、验证结论等逐一叙述清楚。

11　结论

通过计量标准稳定性考核、检定或校准测量结果重复性试验、测量不确定度评定和检定或校准结果的验证，对所建计量标准的各项技术特性是否符合国家计量检定系统表和计量检定规程或计量技术规范的规定，是否具有预期的测量能力，是否能够开展设定的检定及校准项目，是否满足《考核规范》的考核要求等给出总的评价。

12　附加说明

填写认为有必要指出的其他附加说明。如：计量标准技术报告编写、修订人，编写、修订的版本号及日期，编写、修订用到的文件名称和原始记录。

项目三　文件集管理

1　项目简介

文件集是指有关计量标准的选择、批准、使用、保存和维护等方面文件的集合体。每项计量标准应当建立一个文件集，文件集目录中应当注明各种文件的保存地点、方式和保存期限。建标单位应当确保所有文件完整、真实、正确和有效。

2　文件集包含的文件

2.1　《计量标准考校证书》(如果适用)。

2.2　《社会公用计量标准证书》(如果适用)。

2.3　《计量标准考核(复查)中请书》。

2.4　《计量标准技术报告》。

2.5　《检定或校准结果的重复性试验记录》。

2.6　《计量标准的稳定性考核记录》。

2.7　《计量标准更换申报表》(如果适用)。

2.8　《计量标准封存(或撤销)申报表》(如果适用)。

2.9　《计量标准履历书》。

2.10　国家计量检定系统表(如果适用)。

2.11　计量检定规程或计量技术规范。

2.12　计量标准操作程序。

2.13　计量标准器及主要配套设备使用说明书(如果适用)。

2.14　计量标准器及主要配套设备的检定或校准证书。

2.15　检定或校准人员能力证明。

2.16　实验室的相关管理制度。

2.17　开展检定或校准工作的原始记录及相应的检定或校准证书副本。

2.18　可以证明计量标准具有相应测量能力的其他技术资料(如果适用)，如：检定或校准结果的不确定度评定报告、计量比对报告、研制或改造计量标准的技术鉴定或验收资料等。

3　文件集管理相关要求

3.1　计量标准文件集是关于计量标准的选择、批准、使用和维护等方面的文件集合。为了满足计量标准的选择、使用、保存、考核及管理等的需要，应当建立计量标准文件集。

3.2　每项计量标准都应当建立一个文件集，建标单位应当对文件的完整性、真实性、正确性和有效性负责。计量标准负责人对计量标准文件集中数据的完整性和真实性负责，对计量标准文件集保存和正确处理负责。文件的正式批准、发布、更改、评价等均应当受控。计量标准的文件应当为有效的版本，应当便于有关人员取用。

3.3　计量标准文件集包括上述18方面的文件，当有些文件对于该项计量标准不适用时，可不包含这些文件。

3.4　每项计量标准都应当建立文件集目录，并在文件集目录中注明各种文件保存的地点和方式。文件集可以承载在各种载体上，如硬的拷贝或电子媒体。文件集可以是数字的、模拟的、相片的或者纸质的形式。

3.5 建标单位自己编写文件的要求：

3.5.1 文字表述应当做到结构严谨、层次分明、用词确切、叙述清楚，不致产生不同的理解；

3.5.2 所用的术语、符号、代号要统一，同一术语应当始终表达同一概念，并与有关技术规范协调一致；

3.5.3 按国家规定表述量的名称、单位和符号，测量不确度的表述与符号也应当符合国家的相关规定；

3.5.4 数据、公式、图样、表格及其他内容应当真实可靠、准确无误地按有关要求表述；

3.5.5 书写应当使用规范化汉字。

附　　录

电能计量检修岗位技能操作员工学习地图				
职位层级	岗位职责	能力要求	学习内容模块	学习导航
1. 初级工	1.1　负责单相电能计量装置安装工作	1.1.1　具备配置单相计量装置的能力	1.1.1.1　常用导线的规格和安全载流量	2-1-2
			1.1.1.2　常用电气计算	2-1-1
			1.1.1.3　单相电能表的选择	3-1-2
		1.1.2　具备单相计量装置安装施工的能力	1.1.2.1　单相电能表接线原理图	3-3-1
			1.1.2.2　单相电能表安装施工	3-2-1
		1.1.3　具备使用手持式电动工具的能力	1.1.3.1　便携式交直流电源的使用	1-2-1
			1.1.3.2　电动螺丝刀的使用	1-1-1
		1.1.4　具备绝缘电阻测试的能力	1.1.4.1　绝缘电阻测试仪的使用	1-3-4
	1.2　负责单相电能表现场检测工作	1.2.1　具备现场校验单相电能表的能力	1.2.1.1　单相电能表现场校验仪的使用	5-1-1
		1.2.2　具备单相电能表故障处理的能力	1.2.2.1　单相电能表的错误接线分析	3-3-1
		1.2.3　具备电压、电阻测量的能力	1.2.3.1　数字万用表的使用	1-3-1
		1.2.4　具备交流电流测量的能力	1.2.4.1　钳形电流表的使用	1-3-2
	1.3　负责单相电能表的检定工作	1.3.1　具备检定单相电能表的能力	1.3.1.1　单相电能表检定装置操作	8-1-1
			1.3.1.2　电能表检定软件的使用	8-1-1
	1.4　负责现场抄表工作	1.4.1　具备电能表综合抄读的能力	1.4.1.1　单相复费率电能表的数据抄读	6-1-1
			1.4.1.2　多功能电能表的数据抄读	6-1-2
			1.4.1.3　智能电能表的数据抄读	6-1-3
	1.5　负责计算机录入工作	1.5.1　具备制作 Excel 表格的能力	1.5.1.1　ExceL 表格制作	
		1.5.2　具备新建和编辑 Word 文档的能力	1.5.2.1　Word 文档的新建与编辑	

续表

职位层级	岗位职责	能力要求	学习内容模块	学习导航
2. 中级工	2.1 负责低压计量装置安装工作	2.1.1 具备配置低压计量装置的能力	2.1.1.1 计量装置的分类	3-1-1
			2.1.1.2 计量装置的配置原则	3-1-2、3、4、5
		2.1.2 具备低压电能表接线的能力	2.1.2.1 直通式三相四线电能表的接线	3-3-4
			2.1.2.2 带TA的三相四线电能表的接线	3-3-2
		2.1.3 具备低压计量二次回路接线的能力	2.1.3.1 低压电流互感器及其接线	3-4-1
			2.1.3.2 试验接线盒的正确使用	3-5-1
		2.1.4 具备低压计量装置安装施工的能力	2.1.4.1 低压电能计量装置安装施工规范	3-2-1
	2.2 负责更换高压电能表	2.2.1 具备更换高压电能表的能力	2.2.1.1 三相四线高压电能表的接线	3-3-2
			2.2.1.2 三相三线高压电能表的接线	3-3-3
	2.3 负责高压互感器的接线	2.3.1 具备高压互感器的接线能力	2.3.1.1 高压电流互感器及其接线	3-4-1
			2.3.1.2 电压互感器及其接线	3-4-2
			2.3.1.3 高压组合互感器及其接线	3-4-3
		2.3.2 具备互感器极性判断的能力	2.3.2.1 电流互感器的极性判断	5-2-2
			2.3.2.2 电压互感器的极性判断	5-3-2
	2.4 负责三相电能表现场检验工作	2.4.1 具备现场检验三相电能表的能力	2.4.1.1 三相电能表现场校验仪的使用	1-3-6
			2.4.1.2 电能表现场检验	5-1-1
			2.4.1.3 电能表现场检验原始记录填写	5-1-2
	2.5 负责三相电能表的检定工作	2.5.1 具备操作三相电能表检定装置的能力	2.5.1.1 三相电能表检定装置的操作	8-1-1
			2.5.1.2 检定软件的使用	8-1-1
	2.6 负责低压电流互感器检定工作	2.6.1 具备操作电流互感器检定装置的能力	2.6.1.1 电流互感器检定装置的操作	8-3-1
			2.6.1.2 检定软件的使用	8-3-2
3. 高级工	3.1 负责高压计量装置的检修工作	3.1.1 具备在变电站一次设备上工作的能力	3.1.1.1 变电站主接线图	2-2-3
			3.1.1.2 变电站运行方式	
		3.1.2 具备在变电站二次回路上工作的能力	3.1.2.1 常用电气图用图形符号	2-2-1
			3.1.2.2 常用设备用图形符号	2-2-2
			3.1.2.3 二次接线安装图	2-3-1、2
		3.1.3 具备现场检验电流互感器的能力	3.1.3.1 互感器现场检验仪的使用	1-3-7
			3.1.3.2 电流互感器现场检验	5-2-1
			3.1.3.3 电流互感器二次实际负荷测量	5-4-2
			3.1.3.4 电流互感器现场检验原始记录填写	5-2-3

续表

职位层级	岗位职责	能力要求	学习内容模块	学习导航
3. 高级工	3.1 负责高压计量装置的检修工作	3.1.4 具备现场检验电压互感器的能力	3.1.4.1 电压互感器现场检验	5-3-1
			3.1.4.2 电压互感器次实际负荷测量	5-4-2
			3.1.4.3 电压互感器现场检验原始记录填写	5-3-3
	3.2 负责计量故障排查工作	3.2.1 具备查找计量故障点的能力	3.2.1.1 计量装置故障点的表现	7-2-1、2
			3.2.1.2 计量装置故障查找方法	7-2-1、2
		3.2.2 具备相位测量的能力	3.2.2.1 数字相位伏安表的使用	1-3-3
		3.2.3 具备向量作图的能力	3.2.3.1 向量作图的方法和步骤	7-1-1
		3.2.4 具备向量图分析的能力	3.2.4.1 三相四线电能表错误接线分析	7-1-2
			3.2.4.2 三相三线电能表错误接线分析	7-1-3
	3.3 负责计量装置的完工验收工作	3.3.1 具备低压计量装置检查验收的能力	3.3.1.1 低压计量装置送电前检查	4-1-1
			3.3.1.2 低压计量装置送电后检查	4-1-2
		3.3.2 具备高压计量装置检查验收的能力	3.3.2.1 高压计量装置送电前检查	4-1-1
			3.3.2.2 高压计量装置送电后检查	4-1-2
		3.3.3 具备填写验收报告的能力	3.3.3.1 计量装置验收报告填写	4-2-1
	3.4 负责用电信息采集终端的安装工作	3.4.1 具备采集终端安装接线的能力	3.4.1.1 RS-485 总线布线	6-2-1
			3.4.1.2 电量采集终端接线	6-3-1
		3.4.2 具备采集终端调试的能力	3.4.2.1 专变采集终端参数设置	6-3-2、3
			3.4.2.2 主站采集终端参数设置	6-3-2、3
			3.4.2.3 后台系统操作	6-3-4
	3.5 负责变电站后台机电量采集工作	3.5.1 具备通信管理机接线的能力	3.5.1.1 PSX 643U 通信管理机接线	6-2-1
		3.5.2 具备后台电量报表编辑的能力	3.5.2.1 南自系统后台电量报表编辑	6-2-2
	3.6 负责检定方案编写工作	3.6.1 具备编写检定方案的能力	3.6.1.1 检定方案编写	8-4-1
			3.6.1.2 检定异常情况的处置	8-4-2

续表

职位层级	岗位职责	能力要求	学习内容模块	学习导航
4. 技师	4.1　负责多功能电能表的编程工作	4.1.1　具备识读电能表数据编码的能力	4.1.1.1　多功能电能表通信协议数据标识	8-2-1
		4.1.2　具备设置电能表显示项的能力	4.1.2.1　电能表按键显示设置	8-2-3
			4.1.2.2　电能表循环显示设置	8-2-2、3
		4.1.3　具备电能表通信功能设置的能力	4.1.3.1　电能表通信速率设置	8-2-2、3
			4.1.3.2　电能表通信地址设置	8-2-2、3
		4.1.4　具备设置电能表时段的能力	4.1.4.1　电能表时段设置	8-2-2、3
	4.2　负责计量装置综合误差测量工作	4.2.1　具备综合误差测量的能力	4.2.1.1　电压二次回路压降测试	5-4-1
		4.2.2　具备综合误差计算的能力	4.2.2.1　电能计量装置综合误差计算	7-3-2
	4.3　负责错误接线的电能更正工作	4.3.1　具备退补电量计算的能力	4.3.1.1　列写计量功率表达式	7-3-1
			4.3.1.2　更正系数计算	7-3-3
	4.4　负责计量装置施工方案和图纸审核	4.4.1　具备审核计量装置施工方案的能力	4.4.1.1　技术协议审核	
			4.4.1.2　施工方案的审核	
			4.4.1.3　电气专业图纸审核	
	4.5　负责标准器和配套设备的管理工作	4.5.1　具备管理标准器和配套设备的能力	4.5.1.1　仪器设备标识和建档	9-1-3
			4.5.1.2　仪器设备维护保养	9-1-1
			4.5.1.3　计量标准器具及配套设备送检	9-1-2
5. 高级技师	5.1　负责计量检定技术工作	5.1.1　具备检定结果处理的能力	5.1.1.1　检定或校准结果的重复性试验	8-5-1
			5.1.1.2　计量标准的稳定性试验	8-5-2
	5.2　负责计量标准建标工作	5.2.1　具备组织计量标准建标的能力	5.2.1.1　管理制度建立	9-2-1
			5.2.1.2　撰写计量标准技术报告	9-2-2
			5.2.1.3　文件集的管理	9-2-3
	5.3　负责开展计量技术培训工作	5.3.1　具备独立授课的能力	5.3.1.1　培训教案编写	
			5.3.1.2　教学课件制作	

参考文献

[1]牟民生，牟平江．电能计量基础与技术实践[M]．北京：中国电力出版社，2011.
[2]王月志．电能计量技术[M]．2版．北京：中国电力出版社，2015.
[3]李国胜，祝红伟．电能计量与装表接电[M]．北京：中国电力出版社，2013.
[4]濮贤成．电能计量装置安装与接线判读[M]．北京：中国电力出版社，2013.